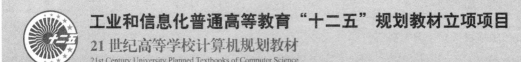

工业和信息化普通高等教育"十二五"规划教材立项项目

21 世纪高等学校计算机规划教材

21st Century University Planned Textbooks of Computer Science

计算机应用基础 实验指导

Guidance Computer Application Foundation Experiment

张春芳 张宇 主编

U0310254

高校系列

人民邮电出版社

北 京

图书在版编目（CIP）数据

计算机应用基础实验指导 / 张春芳，张宇主编. --
北京 ：人民邮电出版社，2013.9
21世纪高等学校计算机规划教材
ISBN 978-7-115-32109-1

Ⅰ. ①计… Ⅱ. ①张… ②张… Ⅲ. ①电子计算机—
高等学校—教材 Ⅳ. ①TP3

中国版本图书馆CIP数据核字(2013)第140536号

内 容 提 要

《计算机应用基础实验指导》是配合"计算机基础"课程理论教学的实验指导教材。本书从实践出发，从操作实训入手，以掌握计算机基础应用技术为目的。

全书共分七章，包括计算机基本知识、中文版 Windows 操作系统、文字处理软件 Word、电子表格 Excel、PowerPoint 演示文稿、Access 数据库基础、计算机网络。各章按照知识点设置了相应的实验内容，在每个实验内容中选择了大量的操作实例，详细介绍了操作过程，便于教师的课堂教学和读者的自学，并能够使读者达到"触类旁通"的效果。另外，各章与实例结合提供了一定数量的练习题，以便读者能够进一步巩固、强化所学知识及操作，达到即学即练的目的。

本书配套光盘的内容包括上机实验课件、实验内容的基础文件或素材、能力拓展练习三部分，是实验教学必备的辅助材料。

本书可作为高等院校计算机专业或非计算机专业的实验教学或自学用书，也可以作为从事计算机应用的科技人员的参考书或培训教材。

◆ 主　编　张春芳　张　宇
　　责任编辑　武恩玉
　　责任印制　彭志环　焦志炜

◆ 人民邮电出版社出版发行　　北京市崇文区夕照寺街 14 号
　　邮编　100061　电子邮件　315@ptpress.com.cn
　　网址　http://www.ptpress.com.cn
　　北京鑫正大印刷有限公司印刷

◆ 开本：787×1092　1/16
　　印张：13.25　　　　　　2013 年 9 月第 1 版
　　字数：351 千字　　　　2013 年 9 月北京第 1 次印刷

定价：32.00 元

读者服务热线：**(010)67170985**　印装质量热线：**(010)67129223**
反盗版热线：**(010)67171154**
广告经营许可证：京崇工商广字第 **0021** 号

前　言

根据计算机基础课程的教学特点，作者结合多年从事计算机基础教学的丰富经验，编写了《计算机应用基础实验指导》。本书与张宇老师等编写的《计算机应用基础》相配套，是为了更好地配合和提高非计算机专业的"大学计算机基础"课程的教学和学习，特别是实验教学而编写的。

计算机基础课是培养学生掌握计算机基本操作，了解计算机基本常识的入门课程，其教学效果直接关系着学生操作计算机的技能水平。这门课的主要特点是理论和实践相结合，强化计算机的操作训练是学习和掌握计算机必不可少的环节。因此，《计算机应用基础实验指导》按照相对独立、循序渐进的原则，紧扣理论教学的知识点，力求使每次实验的内容尽可能地充实，具有趣味性和较强的可操作性，从而使大部分学生都能够通过完成每次的实验内容，全面掌握更多计算机操作的方法和技能，为熟练操作计算机打下良好的基础。

全书由 7 个章节组成，章节设置与教材相一致，实验教学与理论教学同步进行，使学生能够更好地理解掌握所学的理论知识。

为了便于读者的学习，随书制作了一张配套光盘，包括三部分内容。第一部分为实验指导课件，供教师授课和学生自学使用。第二部分为实验内容的基础文件或素材，供学生上机操作时使用。第三部分为各章的能力拓展练习，兼顾"因材施教"的教学方法，使基础好、能力强的学生在完成教材提供的基本练习后，能够进一步拓展计算机的应用能力。

本书的编写是在"计算机基础"课程各位老师的共同努力下完成的，从第 1 章至第 7 章分别由何攀利、张春芳、王立武、苏瑞、刘莹昕、张宇、秦凯老师编写。全书由张春芳、张宇老师统稿并担任主编。

由于编者水平所限，书中难免出现不足和纰漏，敬请广大读者批评指正。

编者

2013 年 6 月

目 录

第1章
计算机基本知识

本章实验基本要求

- 熟悉计算机硬件系统的组成。
- 了解计算机的工作过程,掌握启动与关闭计算机的方法。
- 熟悉键盘,掌握打字的基本指法。
- 掌握一种常用的输入法及操作技巧。

实验 1　计算机的启动与退出

一、实验目的

1. 掌握计算机的两种启动方法。
2. 掌握关闭计算机的各种方法。

二、实验准备

1. 熟悉计算机的基本硬件组成。
2. 了解计算机的工作过程。

三、实验内容及步骤

【内容 1】计算机的冷启动

【操作步骤】

(1)接通计算机的各外部设备和主机的电源。

(2)打开显示器。

(3)按下主机箱电源开关。

【内容 2】计算机的热启动

【操作步骤】

计算机出现"死机"时,要采用热启动,操作步骤如下。

(1)同时按下 Ctrl、Alt、Delete 3 个键,打开任务管理器窗口,如图 1-1 所示。

图 1-1　任务管理器窗口

（2）单击"关机"菜单，选择"重新启动"命令，就可以进行计算机的热启动了。

【内容 3】定时开机

【操作步骤】

（1）启动计算机时，按 Delete 键进入 BIOS 设置界面。

（2）在 BIOS 设置主界面中选择"Power Management Setup"菜单，进入电源管理界面。

（3）光标指向"Automatic Power Up"选项（自动开机，有些计算机有"Resume By Alarm"选项），通过按 Page Up 键或 Page Down 键将 Disabled 改为 Enabled。

（4）然后在 Date（of Month）Alarm 和 Time（hh:mm:ss）Alarm 中分别设定开机的日期和时间（如果 Date 设为 0，则默认为每天定时开机）。

（5）按 Esc 键返回到 BIOS 设置界面。

（6）按 F10 键弹出提示信息框，按 Y 键后再按 Enter 键，保存并退出 BIOS 设置，随后自动重新启动计算机。

【内容 4】正常关机与强制关机

【操作步骤】

● 正常关机操作

（1）单击"开始"菜单，选择"关闭计算机"命令，弹出如图 1-2 所示的提示框。

图 1-2　"关闭计算机"提示框

（2）单击"关闭"按钮，计算机会进入关机状态。

● 强制关机操作

当计算机无法调取"任务管理器"时，为了将计算机从死机的状态中解脱出来，必须要强制关机。

操作时，只要按下计算机主机箱上的电源按钮 Power，并保持按下状态约 7 秒钟，计算机会进入关机状态。

【内容 5】定时关机

要求：

通过"计划任务"设置关机任务，如设置为每天晚上 8 时关机。

【操作步骤】

（1）单击"开始"菜单，鼠标依次指向"程序"→"附件"→"系统工具"→"计划任务"命令，打开"任务计划"窗口，如图 1-3 所示。

图 1-3　"任务计划"窗口

（2）双击"添加任务计划"，将弹出"任务计划向导"对话框，如图 1-4 所示。

图 1-4　"任务计划向导"对话框（一）

（3）按照提示单击"下一步"按钮，弹出如图 1-5 所示的对话框。

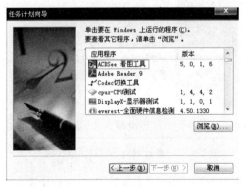

图 1-5　"任务计划向导"对话框（二）

（4）单击"浏览"按钮，弹出"选择程序以进行计划"对话框，定位到"c:\windows\system32\rundll32.exe"，如图1-6所示。

图1-6 "选择程序以进行计划"对话框

（5）单击"打开"按钮，返回设置向导，如图1-7所示。

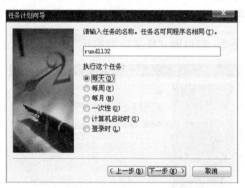

图1-7 "任务计划向导"对话框（三）

（6）选中"每天"单选按钮，然后单击"下一步"按钮，继续进行设置，如图1-8所示。

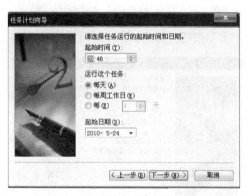

图1-8 "任务计划向导"对话框（四）

（7）在对话框中设置"起始时间"为"20:46"，在"运行这个任务"选项组中选中"每天"

单选按钮,"起始日期"设置为"2010-5-24",如图 1-8 所示。

(8)单击"下一步"按钮,弹出如图 1-9 所示的对话框。

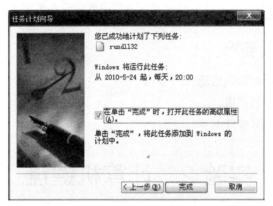

图 1-9 "任务计划向导"对话框(完成)

(9)选择"在单击'完成'时,打开此任务的高级属性"复选框,然后单击"完成"按钮,弹出如图 1-10 所示的对话框,在"运行"文本框中输入"C:\WINDOWS\system32\rundll32.exe user.exe,exitwindows"。

(10)单击"确定"按钮即可,这时"任务计划"窗口将自动出现"rundll32"图标,如图 1-11 所示。

图 1-10 "rundll32"对话框

图 1-11 "任务计划"窗口

【内容 6】利用设备管理器查看硬件配置

【操作步骤】

(1)进入 Windows 桌面,鼠标右键单击"我的电脑"图标,在出现的菜单中选择"属性"。

(2)打开"系统属性"窗口,选择"硬件"→"设备管理器"命令,在"设备管理器"窗口中显示了计算机配置的所有硬件设备。从上往下依次排列着光驱、磁盘控制器芯片、CPU、磁盘驱动器、显示器、键盘、声音及视频等信息,最下方则为显卡。想要了解某种硬件的信息,只要单击其前方的"+",将其下方的内容展开即可。

利用设备管理器除了可以看到常规硬件信息之外，还可以进一步了解主板芯片、声卡及硬盘工作模式等情况。例如想要查看硬盘的工作模式，只要双击相应的 IDE 通道，即可弹出属性窗口，在属性窗口中可以看到硬盘的设备类型及传送模式。

四、实验练习及要求

1. 练习计算机的冷启动和热启动。
2. 练习正常关机与强制关机。
3. 利用设备管理器查看硬件配置。

实验 2 计算机键盘

一、实验目的

1. 熟悉键盘布局，掌握正确的键盘击键方法。
2. 掌握智能 ABC、五笔字型和搜狗输入法中的一种输入方法。

二、实验准备

1. 熟悉一种打字练习软件（如《金山打字通》）的使用方法。
2. 计算机和打字软件。

三、实验内容及步骤

【内容 1】熟悉键盘

键盘是计算机标准的输入设备，键盘按功能一般可分为主键盘区（也称打字区）、功能键区、编辑键区、状态指示区和小键盘区，如图 1-12 所示。

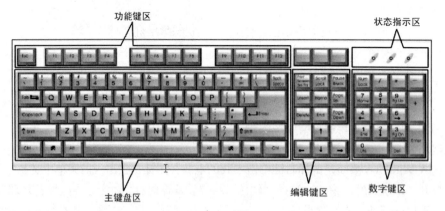

图 1-12　键盘

（1）主键盘区

主键盘区分为字符键和控制键，控制键及其功能见表 1-1。

表 1-1 主键盘区的控制键及其功能

控 制 键	键 名	功 能
Shift	上档键或换档键	（1）用于输入上位字符 （2）灵活改变英文字母的大小写
Ctrl	控制键	
Alt	转换键	
Tab	制表键	
←Backspace	退格键（删除键）	删除光标前的字符
Enter	回车键或强制换行键	将光标换行
Space	空格键	输入空格键
Esc	强制退出键	
Caps Lock	英文字母大小写锁定键	对应状态指示灯亮时为大写状态；反之为小写状态

（2）功能键区

功能键区包括 F1 ~ F12 共 12 个功能键，其中 F1 通常为联机帮助键。

（3）编辑键区

编辑键区通常包括如下一些键。

* Print Screen（PrtScn）：　　屏幕拷贝键
* Pause/Break：　　暂停/中止键
* Insert：　　插入/改写切换键
* Delete：　　删除键，删除光标后的字符
* Home：　　行首键
* End：　　行尾键
* Page Up：　　向上翻页
* Page Down：　　向下翻页
* ↑↓→←：　　光标移动键

（4）小键盘区

数字键区由 Num Lock——数字锁定键控制，对应状态指示灯亮时数字键有效，灯灭时移动光标键有效。

【内容 2】打字的正确姿势及指法

（1）正确的姿势

* 身体保持正直，稍偏于键盘后右方。
* 桌椅要调整到便于手指操作的高度，两脚放平。
* 两肘轻轻垂于腋边，手指轻轻放于规定的字键上，手腕平直。

（2）正确的指法

主键盘区的第 3 行为基准键，共有 8 个键，分别是 "A、S、D、F、J、K、L、；"。准备打字时，除拇指外其余的 8 个手指分别放在基准键上，即将左手小指、无名指、中指、食指分别置于 A、S、D、F 键上；将右手食指、中指、无名指、小指分别置于 J、K、L、；键上，拇指放在空格键上。十指明确分工，如图 1-13 所示。

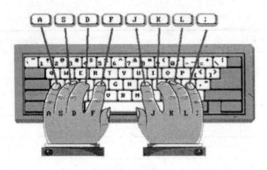

图 1-13　手指的正确摆放姿势

（3）键位分工

每个手指除了指定的基准键外，还分工负责其他的字键，键位分工如图 1-14 所示。

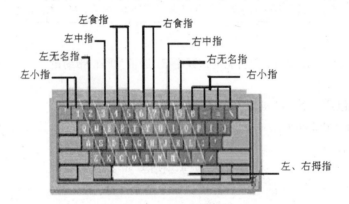

图 1-14　手指在键盘上的分工

【内容 3】基准键输入练习

要求：

练习击键（如要打 D 键），熟悉 8 个基准键的位置。

【操作步骤】

（1）先提起左手，约离键盘两厘米，向下击键时，中指向下弹击 D 键，其他手指同时稍向上弹开，击键要能听见响声。

（2）用类似方法单击其他键。

【内容 4】非基准键的输入练习（如要打 E 键）

【操作步骤】

（1）先提起左手，约离键盘两厘米，整个左手稍向前移，同时用中指向下弹击 E 键，同一时间其他手指稍向上弹。

（2）击键后 4 个手指迅速回位，如图 1-13 所示，注意右手不要动。

（3）用类似方法按其他键。

【内容 5】英文输入练习

在上面的指法练习有了一定基础的情况下，练习输入一篇英文短文。为了提高录入速度，在以下短文的录入过程中，同一手指可以连续击两个甚至更多的键，再一起回到基准键位。

The Clever Widow

A widow, recently married to a widower, was accosted by a friend who laughingly remarked, "I suppose, like all men who have been married before, your husband sometimes talks about his first wife?"

"Oh, not any more," the other woman replied.

"What stopped him?" asked the first.

"I started talking about my next husband," replied the second woman.

【内容6】熟悉智能 ABC 汉字输入法

智能 ABC 是一种以拼音为主的智能化键盘输入法。字、词输入一般按全拼、简拼、混拼形式输入，而不需要切换输入方式。此外还提供了动态词汇库系统。

（1）智能 ABC 的进入和退出

• 智能 ABC 的进入：启动 Windows XP 或其他应用软件，按 Ctrl+Shift 组合键，直到显示智能 ABC 状态条，如图 1-15 所示，表示进入智能 ABC "标准" 输入法状态。

图 1-15　智能 ABC 状态条

• 智能 ABC 的退出：在智能 ABC "标准" 输入法状态下，按 Ctrl+Shift 组合键可退出 ABC 输入法而切换为别的输入法；按 Ctrl+空格组合键可在智能 ABC 输入法和英文输入法之间切换。

（2）智能 ABC 单字、词语的输入

• 隔音符号的使用：在全拼、简拼及混拼输入时，有时需要使用隔音符号 "'"。

例如：

西安　　　xi'an（若键入 xian，则可能是 "先" 等字的输入）

公安　　　g'an（若键入 gan，则可能是 "干" 等字的输入）

• V 键的使用：拼音输入中若需要输入拼音字母 ü，用 V 键来代替。

例如：

女　　　　nv

率　　　　lv

• 简拼输入：最常用的词可以采用简拼输入，按各个音节的第一个字母输入，对于包含 zh，ch，sh 的音节也可取前两个字母。

例如：

计算机　　　　jsj

长城　　　　cc，cch，chc，chch

中华　　　　z'h 或者 zhh（zh 错误，因为它是复合声母 "知"）

愕然　　　　e'r（er 错误，因为 er 是 "而" 字的全拼）

热爱　　　　r'a

• 混拼输入：一般常用词可采用混拼输入，输入时有的音节全拼，有的音节简拼。

例如：

金沙江　　　jinsj

历年　　li'n 或 lnian（lin 错误，因为它是"林"的全拼）

仅仅　　jinj

- 全拼输入：普通词可以采取全拼输入。

例如：

茫茫　　mangmang

麦苗　　maimiao

- 高频单字（含单音节词）的输入：对于一些高频单字（含单音节词）的输入可用简拼来完成，即输入"声母"+"Space（空格）"组合键会直接得到该汉字，见表 1-2。

表 1-2　　　　　　　　　　　　　　　　简拼字表

Q=去	W=我	E=饿	R=日	T=他	Y=有	I=一	O=哦	P=批
A=啊	S=是	D=的	F=发	G=个	H=和	J=就	K=可	L=了
Z=在	X=小	C=才	B=不	N=年	M=没			
ZH=这	SH=上	CH=出						

除了"饿"、"哦"、"啊"外的 24 个字使用极其频繁，应当记住。

- 智能 ABC 词库里没有的词语的输入方法：对于智能 ABC 词库里没有的词语，可以利用自动记忆功能造就新词（自动分词构词）来完成输入。

例如要输入"计算机系统"一词，可按如下步骤操作：

① 输入该词的简拼拼音"jsjxt"，按空格键，结果出现如下备选词条。

> 计算机 xt　　1.计算机 2.九十九 3.脚手架 4 金沙江."

② 直接按空格键或数字 1 后，备选词条显示为

> 计算机　　.　1.系统 2.相同 3.协调 4.形态 5.夏天

③ 按空格键或数字 1，则分词构词完成。以后只要输入"jsjxt"，就可得到"计算机系统"。

- 中文数量词的简化输入方法：在智能 ABC 中，规定"i"为输入小写中文数字标记，"I"为输入大写中文数字标记。例如：

i2001nsy3s1r　　→　　二零零一年十月三十一日

i3b7s2k　　　　→　　三百七十二克

I8q6b2s$　　　　→　　捌仟陆佰贰拾元

系统还规定了数量词输入中字母所表示量的含义，它们是：

G（个）S（十，拾）B（百，佰）Q（千，仟）W（万）E（亿）Z（兆）D（第）

N（年）Y（月）R（日）H（时）A（秒）T（吨）J（斤）P（磅）K（克）

$（元）F（分）C（厘）L（里）M（米）I（毫）U（微）O（度）

【内容 7】五笔字型输入法

（1）五笔字型的进入和退出

- 五笔字型的进入：启动 Windows XP 或其他应用软件，按 Ctrl+Shift 组合键，直到显示五笔字型状态条，如图 1-16 所示，表示进入五笔字型输入法状态。

图 1-16　五笔字型状态条

- 五笔字型的退出：按下 Ctrl+Shift 组合键，可切换到别的输入法；按下 Ctrl+空格组合键，可在五笔型输入法与英文输入法之间切换。

（2）汉字的笔画和字型

- 5 种笔画：笔画是写成连续的线，是构成汉字的最小单位。汉字的 5 种基本笔画是"一、丨、丿、丶、乙"，除基本笔画外，还对其他笔势变形进行了归类，见表 1-3。

表 1-3　　　　　　　　　　　　　　　　　汉字的 5 种基本笔画

笔画名称	笔画代码	笔画走势	笔画及其变形
横	1	左→右	横一提/
竖	2	上→下	竖丨竖左勾
撇	3	右上→左下	撇
捺	4	左上→右下	捺点
折	5	带转折	各种带转折的笔画

- 汉字可以分为 3 种字型：左右型、上下型和杂合型，见表 1-4。

表 1-4　　　　　　　　　　　　　　　　　汉字的 3 种字型

	左右型（1）	上下型（2）	杂合型（3）
横 1	G（11）	F（12）	D（13）
竖 2	H（21）	J（22）	K（23）
撇 3	T（31）	R（32）	E（33）
捺 4	Y（41）	U（42）	I（43）
折 5	N（51）	B（52）	V（53）

（3）汉字的结构

所有汉字都由基本字根组成，字根间的位置关系可以分为 4 种类型：单、散、连、交。

单——基本字根就单独构成一个汉字，这类字在 130 个基本字根中占很大比例，有近百个。例如："由、雨、竹、斤、车"。

散——构成汉字不止一个字根，且字根之间保持一定的距离，不相连也不相交。例如："讲、肥、明、张、吴"等。

连——一个基本字连一个单笔画，如"丿"下连"目"成为"自"，"丿"下连"十"成为"千"。另一种情况是指"带点结构"，如勺、术、太、主等。单笔画与字根之间存在连的关系，字根与字根之间不存在连的关系。

交——多个字根交叉套迭构成汉字。如"申"是由"日、丨"，"里"是由"日、土"交叉构成的。

汉字拆分的原则是：取大优先，兼顾直观，能连不交，能散不连。

（4）汉字的字根

五笔字型的基本字根有 130 种，加上一些基本字根的变形，共有 200 个左右。按照每个字根的起笔代号分为 5 个"区"，它们是 1 区横区，2 区竖区，3 区撇区，4 区捺区，5 区折区。每个区又分为 5 个"位"，区和位对应的编号就称为"区位号"。

这样就把 200 个基本字根有规律地放在 25 个区位号上，这些区位号用代码 11、12、13、14、15；21、22……51、52、53、54、55 来表示，分布在计算机键盘的 25 个英文字母键上。每个区位上有一个最常用的字根，称为"键名字根汉字"，键名字根汉字既是组字频率高的字根，又是很常用的汉字。

下面是各个区位上的键名字根，每个字根右边的括号里的数字代码表示这个字的区位号。

1区（横区）：王(11) 土(12) 大(13) 木(14) 工(15)
2区（竖区）：目(21) 日(22) 口(23) 田(24) 山(25)
3区（撇区）：禾(31) 白(32) 月(33) 人(34) 金(35)
4区（捺区）：言(41) 立(42) 水(43) 火(44) 之(45)
5区（折区）：已(51) 子(52) 女(53) 又(54) 纟(55)

汉字字根记忆规则：基本字根与键名字根形态相似；字根首笔代号与区号一致，次笔代号与位号一致；首笔代号与区号一致，笔画数目与位号一致；与主要字根形态相近或有渊源。

（5）五笔字型键盘码元分布图

五笔字型字根助记词：

11 王旁青头戈（兼）五一，
12 土士二干十寸雨，一二还有革字底，
13 大犬三羊石古厂，羊有直斜套去大，
14 木丁西，
15 工戈草头右框七。
21 目具上止卜虎皮，
22 日早两竖与虫依，
23 口与川，字根稀，
24 田甲方框四车力，
25 山由贝，下框几。
31 禾竹一撇双人立，反文条头共三一，
32 白手看头三二斤，
33 月（衫）乃用家衣底，爱头豹头和豹脚，舟下象身三三里，

34 人八登祭取字头
35 金勺缺点无尾鱼，犬旁留叉 多点少点三个夕，氏无七（妻）
41 言文方广在四一，高头一捺谁人去。
42 立辛两点六门病，
43 水旁兴头小倒立，
44 火业头，四点米，
45 之字宝盖建到底，摘示衣。
51 已半巳满不出己，左框折尸心和羽，
52 子耳了也框向上，两折也在五耳里，
53 女刀九臼山向西
54 又巴马，经有上，勇字头，丢矢矣，
55 慈母无心弓和匕，幼无力。

（6）五笔字型单字的输入法则

① 键名汉字：共有 25 个，输入方法是把键名所在的键连击 4 下。需要注意的是，由于每个汉字最多输入 4 个编码，输入了 4 个相同字母后，就不要再按空格键或回车键了。

② 成字字根汉字：除汉字以外本身又是字根的汉字，其输入方法为击字根所在键一下，再击该字根的第一、第二、末笔单笔画。即键名（报户口）+首笔代码+次笔代码+末笔代码。

例如，十：FGH，刀：VNT，"报户口"后面的首、次、末笔一定是指单笔画，而不是字根；如果成字字根只有两个笔画，即 3 个编码，则第四码以空格键结束。

在成字字根中，还有 5 种单笔画作为成字字根的一个特例：一（GGLL），丨（HHLL），丿（TTLL）、\（YYLL）、乙（NNLL）。

③ 合体字：即由字根组合的汉字，它们的输入有两种：由至少 4 个字根组成的汉字依照书写顺序击入一、二、三、末字根；由不足 4 个字根组成的汉字按书写顺序依次输入击入字根后加末笔字型交叉识别码。例如：

露：雨口止口 FKHK

缩：纟宀亻日 XPWJ

④ 高频字：是汉语中使用频度最高的 25 个汉字。输入方法为每个字只击一下高频字所在键，再按一下空格键。

五笔字型简化输入规则如下。

● 一级简码：在 5 个区的 25 个位上，每键安排一个使用频度最高的汉字，成为一级简码，即前面介绍的高频字。这类字只要按一下所在的键，再按一下空格键即可输入。

例如：

一（G） 地（F） 在（D） 要（S） 工（A） 上（H） 是（J） 中（K） 国（L） 同（M）

● 二级简码：共 589 个，占整个汉字频度的 60.04%，只打入该字的前两个字根码再加上空格键。

例如：

红：纟工 YT

张：弓长 XT

妈：女马 VC

克：古儿 DQ

● 三级简码：三级简码由单字的前 3 个字根码组成，只要一个字的前 3 个字根码在整个编码体系中是唯一的，一般都选做三级简码，共计有 4000 个之多。对于此类汉字，只要打其前 3 个字根代码再加空格键即可输入。

例如：

毅：全码（UEMC）简码（UEM）

唐：全码（YVHK）简码（YVH）

（7）五笔字型词组输入规则

为了提高汉字输入速度，五笔字型采用了更加优化的输入方法——词组输入。词组分为二字词、三字词、四字词和多字词。所有词组编码一律分为等长四码。

① 二字词输入

输入规则：每字取其全码的前两码。

例如：单独（UJQY）键盘（QVTE）速度（GKYA）经常（XCIP）

市场（YMFN）建设（VFYM）程序（TKYC）组合（XEWG）

等待（TFTF）地方（FBYY）

注意："键名汉字"、"成字字根汉字"或"一级简码"参加组词时，应从其全码中取码（下同）。

② 三字词输入

输入规则：前两个字取其第一码，最后一个字取其前两码。

例如：实际上（PBHH）出版社（BTPY）

打印机（RQSM）四川省（LKIT）

③ 四字词输入

输入规则：每个字各取第一码。

例如：集成电路（WDJK）想方设法（SYYI）

满腔热情（IERN）工作人员（AWWK）

④ 多字输入

输入规则：取第一、第二、第三和最后一个字的第一码。

例如：中国人民解放军（KLWP）中华人民共和国（KWWL）

五笔字型计算机汉字输入技术（GTPG）

【内容8】搜狗拼音输入法

搜狗拼音输入法（简称搜狗输入法）是 2006 年 6 月由搜狐（NASDAQ：**SOHU**）公司推出的一款 Windows 平台下的汉字拼音输入法。

- 全拼输入：拼音输入法中最基本的输入方式。只要用 Ctrl+Shift 组合键切换到搜狗输入法，在输入窗口输入拼音即可。然后依次选择想要的字或词即可。可以用默认的翻页键"逗号（，）和句号（。）"来进行翻页。

例如：

搜狗拼音	sougoupinyin
沈阳大学	shenyangdaxue
异口同声	yikoutongsheng

- 简拼输入：是输入声母或声母的首字母来进行输入的一种方式，搜狗输入法现在支持的是声母简拼和声母的首字母简拼。

例如：

中国	zhg、zg
童年	tn
常来常往	chlchw、clcw

- 简拼全拼的混合输入：简拼由于候选词过多，可以采用简拼和全拼混用的模式，这样能够兼顾最少输入字母和输入效率。

例如：

| 输入法 | srf、sruf、shrfa |
| 指示精神 | zhishijs、zsjingshen、zsjingsh、zsjingsh、zsjings |

- 双拼的输入：双拼是用定义好的单字母代替较长的多字母韵母或声母来进行输入的一种方式。使用双拼可以减少击键次数，但是需要记忆字母对应的键位，不过在熟练之后效率会有一定提高。如果使用双拼，要在设置属性窗口把双拼选上。

例如：如果 T=t, M=ian, 键入两个字母"TM"就会输入拼音"tian"。

特殊拼音的双拼输入规则为：

对于单韵母字，需要在前面输入字母 O+韵母。例如：输入 OA→A，输入 OO→O，输入 OE→E。

而在自然码双拼方案中，和自然码输入法的双拼方式一致，对于单韵母字，需要输入双韵母，例如：输入 AA→A，输入 OO→O，输入 EE→E。

- 拆字辅助码：拆字辅助码可以快速地定位到一个单字。

使用方法如下：若想输入一个汉字【娴】，但是非常靠后，找不到，那么输入【xian】，然后按下【Tab】键，再输入【娴】的两部分【女】【闲】的首字母 nx，就可以看到只剩下【娴】字了。输入的顺序为 xian+Tab+nx。

独体字由于不能被拆成两部分，所以独体字是没有拆字辅助码的。

U 拆字方法：如果不认识【窈】这个字，可以用 U 拆分：一个穴一个幼，输入的顺序为 uxueyou。

- 拆字辅助码的偏旁读音

偏旁	名称	读音
一画		
丶	点	dian
丨	竖	shu
（一）	折	zhe
*************************		
二画		
冫	两点水儿	liang
冖	秃宝盖儿	tu
讠	言字旁儿	yan
刂	立刀旁儿	li
亻	单人旁儿	dan
卩	单耳旁儿	dan
阝	左耳刀儿	zuo
*************************		
三画		
辶	走之儿	zou
氵	三点水儿	san
忄	竖心旁	shu
艹	草字头	cao
宀	宝盖儿	bao
彡	三撇儿	san
爿	将字旁	jiang
扌	提手旁	ti
犭	犬	quan
饣	食字旁	shi
纟	绞丝旁	jiao
彳	彳	chi
*************************		
四画		
礻	示字旁	shi
攵（夂）	反文儿（折文儿）	fan
（牜）	牛字旁	niu
*************************		

五画以上

疒	病字旁	bing
衤	衣字旁	yi
钅	金字旁	jin
虍	虎字头儿	hu
（罒）	四字头儿	si
（覀）	西字头儿	xi
（訁）	言字旁	yan

- 笔画筛选：笔画筛选用于输入单字时，用笔顺来快速定位该字。

使用方法：输入一个字或多个字后，按下 Tab 键（Tab 键如果是翻页也不受影响），然后用 h（横）、s（竖）、p（撇）、n（捺）、z（折）依次输入第一个字的笔顺，直到找到该字为止。5 个笔顺的规则同上面的笔画输入的规则。要退出笔画筛选模式，只需删掉已经输入的笔画辅助码即可。

例如，快速定位【珍】字，输入了 zhen 后，按下【Tab】键，然后输入珍的前两笔【hh】，就可以定位该字。

- v 模式中文数字（包括金额大写）：v 模式中文数字是一个功能组合，包括多种中文数字的功能，只能在全拼状态下使用。

a. 中文数字金额大小写：输入【v424.52】，输出【肆佰贰拾肆元伍角贰分】；

b. 罗马数字：输入 99 以内的数字，例如【v12】，输出【XII】；

c. 年份自动转换：输入【v2008.8.8】或【v2008-8-8】或【v2008/8/8】，输出【2008 年 8 月 8 日】；

d. 年份快捷输入：输入【v2006n12y25r】，输出【2006 年 12 月 25 日】。

- v 模式中计算。

例如：计算 1+1，输入 v1+1，结果就自动计算出来了。

计算 3*5，输入 v3*5。

- 插入当前日期时间：【插入当前日期时间】的功能可以方便地输入当前的系统日期、时间、星期，并且还可以用插入函数自己构造动态的时间。例如在回信的模板中使用。

此功能是用输入法内置的时间函数通过【自定义短语】功能来实现的。由于输入法的自定义短语默认不会覆盖用户已有的配置文件，所以要想使用下面的功能，需要恢复【自定义短语】的默认配置（也就是说，如果输入了 rq 而没有输出系统日期，可打开【选项卡】→【高级】→【自定义短语设置】，单击【恢复默认配置】即可）。

输入法内置的插入项有：

a. 输入【rq】（日期的首字母），输出系统日期【2006 年 12 月 28 日】；

b. 输入【sj】（时间的首字母），输出系统时间【2006 年 12 月 28 日 19:19:04】；

c. 输入【xq】（星期的首字母），输出系统星期【2006 年 12 月 28 日 星期四】。

自定义短语中的内置时间函数的格式参见自定义短语默认配置中的说明。

四、实验练习及要求

1. 英文打字练习。

（1）F，D，S，J，K，L 键的练习，把以下内容各打 10 遍。

A．Jjj fff ddd kkk sss lll

B．fds jkl dfs kjl fds jkl

C．kdkd jfjf dkdk fjfj dkdk jfjf

D．fjdksl　fjdksl　fjdksl　fjdksl

（2）加入 A，；两键练习，把以下内容各打 10 遍。

A．aaa;;;　aaa;;;　aaa;;;

B．asdf　;lkj　asdf　;lkkj　asdf　;lkj

C．as;l　as;l　as;l　as;l　as;l

D．aksj　aksj　aksj　aksj

（3）加入 E，I 两键练习，把以下内容各打 10 遍。

A．ded　kik　ded　kik ded　kik

B．fed ill fed ill　fed　ill

C．sail kill file desk

D．laks　less like　sell deal leaf

（4）加入 G，H 两键练习，把以下内容各打 10 遍。

A．hghg　ghgh　hghg　gghgh

B．shsg　shsg　shsg　shsg shsgs　shsg

C．gah　gah　gah gha　gah

（5）再加入 R，T，U，Y 各键练习，把以下内容各打 10 遍。

A．fgf　hjh had glad high glass gas　half edge shall sih

B．juj　ftf　jyj　used　sure　yard tried

C．a great hurry a great deal half a year

（6）加入 W，Q，O，P 各键练习，把以下内容各打 10 遍。

A．Will　hold　pass　look　park　pull

B．swell　equal　told　quat　world　short

C．Follow　the　path　as　far　as　goes　quite

（7）加入 V，B，M，N 各键练习，把以下内容各打 10 遍。

A．land　save　mark　bond　bank　milk　moves　gives build　send　mail

B．a kind man; above the door ; a big demand between　games; made a mistake

C．both hand; in the meantime; every line

（8）加入 C，X，Z，? 各键练习，把以下内容各打 10 遍。

A．car six xize next cold fox zoo　exit seize; one dozen; example

B．much too cold; above zero; how old? Fox? tax expert

C．It is Alex I have brought you a prize

D．make it a practice always to save part of your income

2.　中文打字练习。

以下两篇文章要求利用智能 ABC 输入法输入，要求每分钟 30 个字、正确率 98%以上为合格；每分钟 50 个字、正确率 98%以上为优秀。

（1）寂寞是心灵的慎独，若开放在高山之巅上的雪莲花，美丽、静肃！在独处的岁月流中，悄然绽放在自然界的天地间，孤寂，傲然！

寂寞着的人细数着生命漫漫的风流，歌者便从此印象于心灵的颂扬之中，寂寂的风华于无限的意境和神往中，灿燃生发！

寂寞其实更应是一朵开放在心灵深处最美丽的花，扎根于孤独的土壤，自我生发，自我妍丽。花开绝世的美，花谢也凄寂的风流，在流过的心海上徜徉。

人应该是需要点寂寞的，在专注于一项事业或研究成果时，寂寞和孤独便是日子的从容。淡然处世，潜心于自己的学术之中，这样的孤独和寂寞如盈育着的花蕾，也经受着失意的风雨，承载着攻克的喜悦，一步步的迈向成功的彼岸！

寂寞是精神领域最为素雅的一笔，当追求事业的坚贞自心灵深处溢于钻研之中，自我的孤芳自赏便如花开的幽香，诠释着人性的美。与生俱来的所有浮躁被模糊淡忘成弃后，重现芬芳的心灵花香，便细细的品，细细的孤独风流！

寂寞的美同时也散发着太多的绪动，诱惑着我们的情感。只有真正做到寂寞与美与孤独共有，才会拥有我们自己数载人生培育的花，且愈长愈香愈浓。

（2）去上海一江之隔的启东过夏，是我童年最美丽的梦，也是那时最最惬意的事。

启东是爷爷居住的地方，也就是我的故乡了。喜欢爷爷，喜欢夏天，也连带着喜欢启东的夏天。那里的夏，天蓝蓝的，云白白的，雨润润的，夜，美美的。每年过完六一儿童节，我就巴巴地盼着暑假来临，等着大人把我送到启东，在那里无忧无虑地过一整个夏。

爷爷的家在小镇上，面对着协兴河。协兴河并不宽大，但直通南黄海，所以河水很清澈，水流不是很急，但不时有船经过，惊起一阵波涛。河岸边有一排杨柳树，树下是一条青石铺成的石板路，小镇上的人家一溜的沿着石板路建造了很多小楼。从我记事起，爷爷就已经关掉了开了几十年的米酒作坊，守着几幢楼，潜心喝酒品酒。那种用米酿成的酒，喝起来甜甜的，很好上口，但酒劲很足，很容易就会晕晕的，可是爷爷的最爱。

3. 以下两篇文章要求利用搜狗拼音输入法或五笔字型输入法打字，要求每分钟30个字、正确率98%以上为合格；每分钟50个字、正确率98%以上为优秀。

（1）研究院的研究员和管理者纷纷撰文汇成本书，他们中间，有当年的高考状元，曾经的少年班学子，有"深蓝之父"，有拥有多项专利的"技术牛人"，有蜚声业界的著名专家，也有刚刚出道的年轻学者；通过文化、人才、技术三个角度，揭示微软亚洲研究院独特的文化氛围，记述各自成长的经历，揭秘诸多新技术诞生的过程。由微软人说微软自己的故事，生动、直观地介绍了号称"世界上最火的实验室"以及被称为"世界上智商最高的人才群体"的真实风貌。同时，通过介绍微软亚洲研究院十年的发展，也展现了一个优秀人才群体独特的管理文化，对其他企业和研究机构也有一定的参考意义。

本书汇聚了技术创新、企业文化、管理理念、人才培养、职业规划、奋斗励志以及东西方文化碰撞等方面诸多鲜活事例，可以为读者了解最新的计算机技术、管理思想以及个人成才提供一定的借鉴。

（2）怎样提高销售能力？怎样取得好业绩？怎样从一名销售新手快速成长为顶尖高手？踏实实践固然重要，而发现问题、找到方法其实更容易取得快速进步。创造好业绩不是神话，本书告诉你其中的奥秘：培养职业化的销售意识、客观准确的自我认知、恰当有效的销售策略、渠道控制的制胜要诀、人脉拓展的实用技巧、团队制胜的核心要项……本书是营销从业人员不可多得的学习业务知识、提升工作技能的实用指南。

五、实验思考

1．在利用键盘进行各种输入法之间的切换时，分别使用键盘左侧和右侧的 Ctrl+Shift 组合键效果有什么不同？

2．在"全角"、"半角"状态下分别输入数字"2010"和字母"Windows"，效果是否相同？为什么？

3．在智能 ABC 输入法中利用字母"v"和数字键"1～9"可以进行哪些符号的输入？举例说明。

4．利用搜狗拼音输入法怎样修改候选词的个数？

5．利用搜狗拼音输入法怎样快速进行生僻字的输入？

第2章
中文版 Windows 操作系统

本章实验基本要求

- 熟练掌握 Windows 窗口、对话框、菜单、工具栏的常规操作方法。
- 熟练掌握 "Windows 帮助" 系统的使用。
- 掌握在 "我的电脑" 及 "资源管理器" 下管理文件及文件夹的方法。
- 掌握文件及文件夹的查找方法。
- 掌握 Windows 的磁盘管理。
- 学会 "控制面板" 的使用，掌握系统设置的方法。
- 掌握 Windows 附件程序的使用。

实验 1　Windows 的基本操作

一、实验目的

1. 掌握 Windows 窗口、对话框、菜单、工具栏的常规操作方法。
2. 掌握 Windows 桌面、开始菜单、任务栏的基本操作。
3. 掌握 Windows 下运行程序、切换程序、退出程序的方法。
4. 掌握创建快捷方式的各种方法。
5. 掌握 "Windows 帮助" 系统的使用。

二、实验准备

1. 了解 Windows 窗口、菜单、工具栏、对话框的组成及基本操作。
2. 了解 Windows 的基本概念。

三、实验内容及步骤

【内容 1】练习 Windows XP 的待机及重新启动

【知识点链接】

由于 Windows 是一个多任务多用户的操作系统，一些在后台运行的程序及数据被临时保存在内存或硬盘的临时存储区，一旦断电这些数据将全部丢失，甚至可能会破坏程序和系统。

因此，退出 Windows XP 时不能直接关闭电源，要按照正确的步骤进行操作。

除了"关闭计算机"操作以外，对计算机还可以执行"待机"和"重新启动"操作，三者的区别如下。

- **待机**：当用户暂时不使用计算机，而又不想关闭计算机或不希望其他人操作自己的计算机时，可以选择"待机"，此时系统将保持当前的运行状态，但会转入低功耗运行。当用户再次使用计算机时，只要在桌面上移动鼠标即可快速恢复原来的状态。
- **关闭**：关闭正在运行的所有程序，保存设置，清除临时文件，然后自动关闭主机电源。
- **重新启动**：先执行关闭计算机的操作，然后系统自动重新启动计算机。

【操作步骤】

（1）单击"开始"按钮，打开"开始"菜单。

（2）单击"关闭计算机"命令按钮，打开"关闭计算机"提示框，如图 2-1 所示。

（3）在"待机"、"重新启动"命令按钮中选择一个并单击，即可执行相应操作。

图 2-1　"关闭计算机"提示框

　　　　用户也可以在关机前关闭所有程序，然后使用 Alt+F4 组合键快速调出"关闭计算机"提示框进行关机等相关操作。

【内容 2】强制结束程序

【知识点链接】

在 Windows 中运行程序时，通常会出现"死机"现象，其原因是由于系统故障、操作失误或其他原因造成的。"死机"出现时，系统停止响应，用户的键盘操作和鼠标操作都没有任何作用。

【操作步骤】

方法 1：使用组合键"Ctrl+Alt+Delete"

（1）同时按下 Ctrl 键、Alt 键和 Delete 键，打开"Windows 任务管理器"对话框，如图 2-2 所示。

图 2-2　"Windows 任务管理器"对话框

（2）单击"应用程序"选项卡，查看程序的运行状态（通常出现故障的程序的"状态"为"停止响应"）。

（3）选择故障程序名，单击"结束任务"按钮，强制终止该程序的运行。

提示　执行强制结束任务操作会丢失未保存的数据。

方法 2：使用"Reset"按钮

如果使用组合键"Ctrl+Alt+Delete"后系统仍没有任何响应，可按下主机箱上的"Reset"按钮，强制计算机执行重新启动操作。

方法 3：使用"Power"按钮

如果上述方法都不能生效，就必须按住机箱上的电源按钮"Power"达到 3 秒以上来强制关机，然后再次按"Power"按钮，重新开机使用。

【内容 3】设置 Windows 屏幕分辨率和颜色质量

【知识点链接】

分辨率就是画面的解析度，即由多少像素构成，分辨率数值越大，图像也就越清晰。通常分辨率都以乘法形式来表现，例如 1024×768，其中"1024"表示屏幕上水平方向显示的点数，"768"表示垂直方向的点数。分辨率不仅和显示尺寸有关，还要受显像管点距、视频带宽等因素的影响。一般情况下，15 英寸的显示器设置的分辨率为 800×600，而 17 英寸显示器设置的分辨率为 1024×768，当然也可以根据自己显示器的实际情况来进行调试。

【操作步骤】

（1）用鼠标右键单击桌面空白处，单击快捷菜单中的"属性"命令，打开"显示 属性"对话框，如图 2-3 所示。

图 2-3　"显示 属性"对话框

（2）单击"设置"选项卡，通过移动"屏幕分辨率"中的滑块调整屏幕的分辨率。打开"颜色质量"下拉列表，从中选择不同的颜色质量。

【内容 4】程序的启动与运行

要求：启动"我的电脑"、"记事本"、"我的文档"等程序，分别用 3 种方法完成。

【操作步骤】

方法 1：利用桌面上的快捷方式图标

在桌面上找到"我的电脑"图标，用鼠标双击即可。

方法 2：利用"开始"菜单

（1）单击"开始"按钮，指向"所有程序"命令。

（2）在"所有程序"菜单中指向"附件"菜单项。

（3）单击"记事本"命令，打开"记事本"窗口。

方法 3：利用"运行"对话框

（1）单击"开始"按钮，单击"运行"命令，打开"运行"对话框，如图 2-4 所示。

图 2-4　"运行"对话框

（2）在"打开"栏中输入"C:\WINDOWS\explorer.exe"。

（3）单击"确定"按钮，打开"我的文档"窗口。

　　　　单击"运行"对话框中的"浏览"按钮，在 C 盘的 WINDOWS 文件夹下双击 explorer.exe 文件，也可以打开"我的文档"。

【内容 5】创建程序的快捷方式

要求：在桌面上为"记事本"、"计算器"、"写字板"创建快捷方式，分别用 3 种方法完成。

【知识点链接】

快捷方式是左下角带有一个小箭头的图标，它是一个扩展名为".LNK"的小文件，指向一个应用程序、文档或一个设备的位置。双击快捷方式图标，可以快速打开相应的应用程序或文件。

【操作步骤】

以下 3 种操作方法均以创建"记事本"的快捷方式来说明。

方法 1：使用鼠标拖动

（1）打开"开始"菜单，找到"记事本"。

（2）按下"Ctrl"键并用鼠标拖动"记事本"到桌面。

方法 2：使用"发送到"菜单命令

（1）打开"我的电脑"或"资源管理器"，找到"记事本"的可执行文件"NOTEPAD.EXE"。

（2）选定"NOTEPAD.EXE"，单击鼠标右键，在弹出的快捷菜单中执行"发送到"→"桌面快捷方式"命令。

方法 3：使用"新建"菜单命令

（1）在桌面上单击鼠标右键，执行快捷菜单中的"新建"→"快捷方式"命令，打开"创建快捷方式"对话框,如图 2-5 所示。

(2)单击"浏览"按钮,打开"浏览文件夹"对话框,如图 2-6 所示,找到"记事本"的可执行文件"NOTEPAD.EXE",单击"确定"按钮。则"创建快捷方式"对话框的"请键入项目的位置"文本框中显示记事本的文件名和路径,如图 2-5 所示。

图 2-5 "创建快捷方式"对话框

图 2-6 "浏览文件夹"对话框

(3)单击"下一步"按钮,按提示将快捷方式的名称修改为"记事本",单击"完成"按钮结束操作。

【内容 6】设置工具栏的显示或隐藏

要求:打开"我的电脑",取消所有的工具栏,再选择显示"标准按钮"工具栏。

【知识点链接】

在资源管理器内,工具栏是执行常用的菜单命令的一种按钮形式,Windows 根据功能将按钮划分成若干组,每组对应一个工具栏。系统将常用的工具栏定义为默认工具栏,而将那些不经常使用的工具栏隐藏起来,但用户在使用时可以根据自己的需要更改显示或隐藏的工具栏种类。

【操作步骤】

当执行"显示"或"隐藏"工具栏时,首先要打开"工具栏"菜单,操作方法有如下 3 种。

方法 1:打开"我的电脑"窗口,用鼠标左键依次单击"查看"菜单→"工具栏"命令,打开"工具栏"的子菜单。

方法 2:用鼠标右键单击窗口的菜单栏,弹出"工具栏"菜单,如图 2-7 所示。

方法 3:用鼠标右键单击窗口的工具栏,弹出"工具栏"菜单。

 在 Windows 环境下运行的应用程序也可以用以上 3 种方法修改工具栏的显示或隐藏状态。

隐藏"我的电脑"中所有工具栏的操作步骤:

(1)打开"工具栏"菜单。

(2)单击子菜单中有"√"标记的选项,则将隐藏原来显示的工具栏。

显示"我的电脑"中"标准按钮"工具栏的操作步骤:

(1)打开"工具栏"菜单。

(2)单击"工具栏"菜单中"标准按钮"命令,则该工具栏显示在窗口中,如图 2-7 所示。

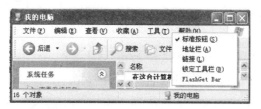

图 2-7 右键单击菜单栏打开"工具栏"菜单

【内容 7】在任务栏上建立"自己的"快速启动工具组

要求：将自己经常使用的程序快捷方式图标或近期频繁使用的文档快捷方式图标以快捷启动工具组的形式添加到任务栏。

【知识点链接】

快速启动工具栏一般位于任务栏中"开始"按钮的左侧，包含一些常用的程序图标，如显示桌面、IE 浏览器等，单击这些图标可以打开相应的应用程序。为了便于操作，用户可以根据需要自己定制该工具栏中的程序图标。

在快速启动工具栏中添加单个图标很简单，只要将快捷图标（如"我的电脑"）拖动到该工具栏区域即可。删除图标时，需要先选定图标，然后单击鼠标右键，执行"删除"命令。

用户除了添加单个的程序图标外，还可以将多个程序图标或文档图标定制为一个专门的快速启动工具组，以实现个性化的快捷操作。

【操作步骤】

（1）在桌面上新建一个文件夹，将其重新命名（如"我的工具组"），打开该文件夹，将自己经常使用的程序快捷方式加入其中，也可以将近期频繁使用的某文档快捷方式加入其中，或将已有的快捷方式图标拖至其中。

（2）在任务栏空白处单击鼠标右键，在快捷菜单中单击"工具栏"下的"新建工具栏"命令（见图 2-8），打开"新建工具栏"对话框。

（3）在"新建工具栏"对话框中找到并选中刚才所建的文件夹（见图 2-9），单击"确定"按钮。

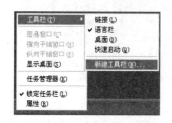

图 2-8 "工具栏"下的"新建工具栏"命令

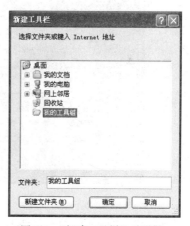

图 2-9 "新建工具栏"对话框

（4）在任务栏上将出现"我的工具组"按钮。单击"我的工具组"右侧的箭头，则文件夹中的快捷方式就显示出来（见图 2-10）。单击选项即可完成预期操作。

图 2-10　打开"我的工具组"

 在使用过程中，还可以随时将其他图标拖进该文件夹，任务栏上将即时显示图标。或者将文件夹中的某个图标删除，则任务栏中的图标亦取消。

【内容 8】学习使用"Windows 帮助"系统

要求：通过 Windows 的帮助系统学会 Windows "附件"中"计算器"的使用，并应用"计算器"完成下列进制转换的计算。

$(11101010)_2$=(　　)$_{10}$　　　　$(345)_8$=(　　)$_{10}$　　　　$(4CD)_{16}$=(　　)$_{10}$

$(167)_{10}$=(　　)$_2$　　　　$(58)_{10}$=(　　)$_8$　　　　$(6733)_{10}$=(　　)$_{16}$

$(11101)_2$=(　　)$_8$　　　　$(754)_8$=(　　)$_2$　　　　$(375)_8$=(　　)$_{16}$

$(11101010)_2$=(　　)$_{16}$　　　　$(17AF)_{16}$=(　　)$_2$

【知识点链接】

Windows XP 中引入了全新的帮助系统，在"帮助支持中心"窗口中包含一系列常用的帮助主题和多种任务。除此之外，用户还可以使用"搜索"和"索引"功能在帮助系统中查找所需要的内容。

【操作步骤】

（1）打开"开始"菜单，执行"帮助和支持"命令，打开"帮助和支持中心"窗口，如图 2-11 所示。

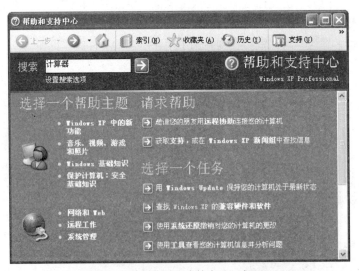

图 2-11　"帮助和支持中心"窗口

（2）在"搜索"文本框中输入"计算器"，单击搜索按钮 ，系统开始执行搜索操作，搜索结束，在"搜索结果"窗格中显示搜索到的相关主题，如图 2-12 所示。

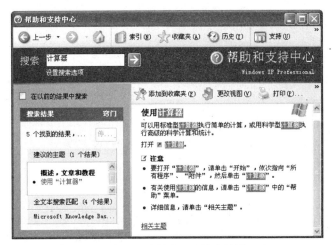

图 2-12　帮助和支持中心的搜索结果显示

（3）单击"使用'计算器'"超链接，在右侧窗格中显示计算器的使用说明，如图 2-12 所示。

（4）单击"打开计算器"超链接，打开"计算器"对话框。

（5）单击"相关主题"按钮，在其菜单（见图 2-13）中选择查看主题，学习计算器的使用。

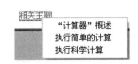

图 2-13　"计算器"的帮助主题

　　还可以根据"注意"中的文字提示打开"计算器"对话框，以及"计算器"对话框中的"帮助"，学习计算器的使用。

四、实验练习及要求

1．创建快捷方式

在桌面上为"写字板"程序创建快捷方式图标。

2．工具栏操作

打开"Word"程序，隐藏窗口显示的各个工具栏，然后将"常用工具栏"、"格式工具栏"和"绘图工具栏"显示出来。

3．窗口操作

打开"我的文档"窗口，并任意改变窗口大小，移动窗口位置，然后关闭窗口。

4．窗口排列

依次打开"我的文档"、"写字板"和"记事本"窗口，使所有窗口"横向平铺"、"层叠窗口"，然后最小化所有窗口，再还原各窗口，最后关闭所有窗口。

5．窗口切换

依次打开"我的文档"、"我的电脑"和"记事本"等多个窗口，用以下两种方式进行活动窗口的切换。

（1）用键盘切换，分别用"Alt+Esc"、"Alt+Tab"和"Alt+Shift+Tab"组合键进行窗口的切换，

观察切换方式的不同。

（2）用鼠标切换。

6．设置开始菜单

将"Wordpad.EXE"文件添加到"开始"菜单，并取名为"写字板"，然后将其从"开始"菜单中删除。

7．设置任务栏的属性

将任务栏隐藏或取消隐藏，并且改变任务栏的大小和位置。

五、实验思考

1．在 Windows 环境下打开"开始"菜单的方法有几种？如何操作？

2．是否可以将任务栏的宽度调整到与桌面大小相同？

实验 2　文件和文件夹的管理

一、实验目的

1．熟练掌握"我的电脑"及"资源管理器"的使用。

2．掌握图标的排列方式、修改文件和文件夹的显示方式。

3．熟练掌握文件及文件夹的选定、复制、移动、删除等操作。

4．熟练掌握文件及文件夹的创建、重命名等操作。

5．掌握搜索文件和文件夹的操作。

6．学会设置和使用共享文件夹。

二、实验准备

1．了解"我的电脑"及"资源管理器"

"我的电脑"和"资源管理器"是 Windows 为用户提供的两个强大的信息管理工具，它们的功能基本相同，都可以显示软盘、硬盘、CD-ROM 驱动器和网络驱动器中的内容，也可以搜索和打开文件及文件夹，并且访问控制面板中的选项以修改计算机设置。双击桌面上"我的电脑"图标，可以打开"我的电脑"窗口；右键单击"我的电脑"图标，在弹出的快捷菜单中选择"资源管理器"，打开"资源管理器"。

2．文件夹的展开与折叠

在"资源管理器"窗口的左边显示磁盘或文件夹的树结构。如果在文件夹图标前面有"+"号，表示该文件夹中还有子文件夹，此时的文件夹是折叠的，单击"+"可以展开文件夹，该文件夹的子文件夹将被显示出来，"+"变为"–"，表示该文件夹已展开；当单击"–"时，该文件夹的子文件夹将不再显示，表示文件夹被折叠。

3．剪贴板

剪贴板是内存中的一个临时存放交换信息的区域,利用它可以实现应用程序之间的信息交换。

4．了解 Windows 窗口、菜单、工具栏、对话框的组成及基本操作

三、实验内容及步骤

【知识点链接】

Windows 操作系统对文件和文件夹的管理包括更改文件和文件夹属性，设置文件和文件夹的显示方式以及对文件或文件夹进行创建、选定（单选或多选）、复制（拷贝）、移动、重命名、删除、搜索等操作。

对文件和文件夹的大部分操作来说，实现的途径都不唯一，归纳起来有以下 4 种方法。

方法 1：选择菜单命令。

方法 2：鼠标右键单击操作对象，在快捷菜单中选择相应的命令。

方法 3：使用工具栏上的工具按钮。

方法 4：用 Ctrl 键、Shift 键配合鼠标操作或使用快捷键。

在以下练习中，操作步骤的说明主要以菜单方式为主。

【内容 1】修改文件/文件夹的显示方式

【操作步骤】

（1）打开"我的电脑"或"资源管理器"，显示 C 盘内的文件及文件夹。

（2）打开"查看"菜单。在"查看"菜单的第二组命令中包含了文件或文件夹的各种显示方式，即缩略图、平铺、图标、列表、详细信息，如图 2-14 所示。其中，有"●"标记的为当前显示方式。

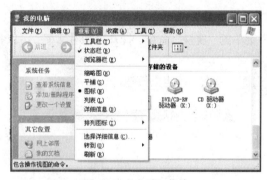

图 2-14　"查看"菜单

（3）单击一种无"●"标记的方式，修改显示方式。

（4）按上述步骤依次选择不同的显示方式，并对比各种方式的不同。

【内容 2】修改文件/文件夹图标的排列方式

【知识点链接】

修改文件/文件夹图标的排列方式有两种方法：一种是按"查看"菜单下的各种排列命令；另一种是在"详细信息"方式下用窗口命令按钮来实现。

【操作步骤】

方法 1：

（1）在"我的电脑"或"资源管理器"中显示 C 盘内的文件及文件夹，打开"查看"菜单。

（2）用鼠标指向"排列图标"，展开其子菜单，如图 2-15 所示。

（3）依次选择不同的排列方式，查看排列顺序的改变。

方法 2：

（1）打开"我的电脑"或"资源管理器"，将 C 盘内的文件及文件夹显示方式修改为"详细信息"，如图 2-16 所示，则在内容框中每列的上方均显示一个标题按钮，即"名称"、"大小"、"类型"和"修改日期"。

（2）单击某列的标题按钮，可将 C 盘内的文件及文件夹按名称、大小、类型或时间顺序排列。

（3）再次单击同一按钮，可以改变排列的升降顺序。

图 2-15 "排列图标"子菜单

图 2-16 "详细信息"显示方式

【内容 3】更改文件/文件夹属性

要求：将 C 盘下 Windows 文件夹的属性修改为"隐藏"。

【知识点链接】

文件及文件夹的属性可以是只读、隐藏或存档。而且，属性设置为复选命令，可以同时选择两种或 3 种属性。

【操作步骤】

（1）打开"我的电脑"，选择 C 盘下的 Windows 文件夹。

（2）依次单击"文件"菜单的"属性"命令，打开属性对话框，可以查看文件属性，如图 2-17 所示。

（3）选择"隐藏"复选框，单击"确定"按钮。

图 2-17 Windows 文件夹的"属性"对话框

【内容 4】显示属性为"隐藏"的文件夹/文件

要求：将"内容 3"中隐藏的"Windows"文件夹显示出来。

【操作步骤】

如果显示属性为隐藏的文件或文件夹，就需要对"文件夹选项"中的"查看"选项进行设置。

（1）在"我的电脑"或"资源管理器"中显示 C 盘内的文件及文件夹。

（2）依次单击"工具"菜单中的"文件夹选项"命令，打开"文件夹选项"对话框。

（3）单击"查看"选项卡。

（4）在"高级设置"栏内选择"显示所有文件和文件夹"单选项，如图 2-18 所示。

（5）单击"确定"按钮，则隐藏的"Windows"文件夹显示出来，但图标为虚的显示状态。

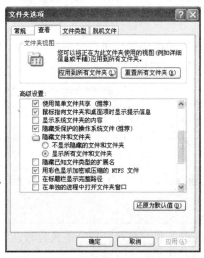

图 2-18 "文件夹选项"的"查看"选项卡

【内容 5】创建文件夹

要求：

（1）在 E 盘下创建文件夹，命名为自己的"学号_班级_姓名"。其中学号只写后两位即可。

（2）在自己的文件夹内创建子文件夹"AA"和"BB"。

【操作步骤】

（1）在"我的电脑"或"资源管理器"中选择 E 盘。

（2）依次单击"文件"菜单的"新建"命令，打开"新建"子菜单（见图 2-19），单击"文件夹"命令。

（3）输入文件夹名，按"Enter"键；或用鼠标单击文件夹名方框外任意位置。

（4）双击自己的文件夹，再创建子文件夹，命名为"AA"和"BB"。

图 2-19 "新建"子菜单

【内容6】创建不同类型的文档文件

要求：在"内容5"中创建的自己的文件夹内新建如下文档：文本文档"LX_note"、BMP文档"LX_picture"、Word文档"LX_word"和Excel文档"LX_excel"。

【操作步骤】

（1）在"我的电脑"或"资源管理器"中打开E盘下自己的文件夹。

（2）依次单击"文件"菜单的"新建"命令，打开"新建"子菜单（见图2-19），单击一种文档类型，如"文本文档"。

（3）输入文件名，按"Enter"键或用鼠标单击空白位置。

（4）重复（2）、（3）步骤，依次创建其他类型的3个文档。

根据创建文档的不同类型，在步骤（2）中要注意选择相应的程序类型。不同类型的文档，其图标和扩展名是不一样的。

【内容7】复制文件

要求：将在"内容6"中创建的文本文档"LX_note"和Word文档"LX_word"复制到"AA"文件夹中。

在对文件（夹）进行复制、移动、删除等操作时，首先要选定操作对象，即选择文件或文件夹，被选择的对象呈蓝底白字显示。

【操作步骤】

（1）在"我的电脑"或"资源管理器"中进入E盘下自己的文件夹。

（2）单击文本文档"LX_note"，选定该文档。

（3）按住"Ctrl"键，同时单击Word文档"LX_word"，选定不连续的两个文档。

（4）依次单击"编辑"菜单的"复制"命令，或用"Ctrl+C"组合键执行该操作。

（5）双击文件夹"AA"，依次单击"编辑"菜单的"粘贴"命令，或用"Ctrl+V"组合键完成该操作。

【内容8】移动文件

要求：将在"内容6"中创建的4个文档移动到"BB"文件夹中。

【操作步骤】

（1）在"我的电脑"或"资源管理器"中进入E盘下自己的文件夹。

（2）选定4个文档。

（3）依次单击"编辑"菜单的"剪切"命令，或用"Ctrl+X"组合键。

（4）双击文件夹"BB"，依次单击"编辑"菜单的"粘贴"命令，或用"Ctrl+V"组合键。

也可用鼠标拖动的办法实现复制和移动操作。

（1）在同一驱动器中，将文件从一个文件夹拖动到另一个文件夹是"移动"文件；而将文件从一个驱动器的文件夹拖动到另一个驱动器的文件夹是"复制"文件。

（2）在同一驱动器中实现文件的"复制"操作，需要在拖动文件的同时按住"Ctrl"键；在不同驱动器之间实现文件的"移动"操作，则需在按住"Shift"键的同时拖动文件。

【内容 9】删除文件

要求：删除"BB"文件夹中的文本文档"LX_note"和 Word 文档"LX_word"。

【操作步骤】

（1）双击文件夹"BB"，选定文本文档"LX_note"和 Word 文档"LX_word"。

（2）单击"文件"菜单的"删除"命令，或单击右键，在弹出的快捷菜单中单击"删除"命令，或直接使用"Delete"键。

（3）弹出"确认文件删除"提示框，如图 2-20 所示。

（4）单击"是"按钮，删除文档，并将文档放在"回收站"内。单击"否"按钮，则不删除文件。

图 2-20　"确认文件/文件夹删除"提示框

（1）进入"回收站"中的被删除文档并没有从磁盘中彻底删除，可以随时从"回收站"中恢复。

（2）如果要彻底将对象从磁盘中删除，需要按"Shift+Delete"组合键，或者在单击"删除"命令时按住"Shift"键，则删除后将无法恢复。

【内容 10】重命名文件/文件夹

要求：将"AA"文件夹内的文本文档"LX_note"和 Word 文档"LX_word"复制到自己的文件夹中，并分别重命名为"LX_note21"和"LX_word21"。

【操作步骤】

（1）双击文件夹"AA"。

（2）选择文档"LX_note"和"LX_word"，并复制到上级文件夹内。

（3）选择其中的一个文档，单击"文件"菜单的"重命名"命令，文件名将处于编辑状态（蓝色反白显示）。

（4）键入新的名称并确定。

（5）用相同操作将另一个文档重命名。

也可在文件或文件夹名称处直接单击两次（两次单击间隔时间应稍长一些，以免使其变为双击），使文件名处于编辑状态，键入新的名称进行重命名操作。

【内容 11】按部分文件名搜索文件

要求：在 E 盘上搜索文件名以"LX_"开头的所有文档。

【操作步骤】

（1）通过"开始"菜单或在"我的电脑"、"资源管理器"中单击"搜索"，打开"搜索结果"窗口，如图 2-21 所示。

（2）单击"所有文件和文件夹"，在"全部或部分文件名"文本框内输入"LX_*"，如

图 2-22 所示。

（3）在"在这里寻找"下拉列表内选择 E 盘。

（4）单击"搜索"按钮开始查找。

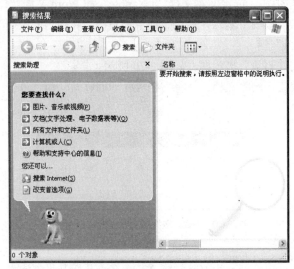

图 2-21 "搜索结果"窗口

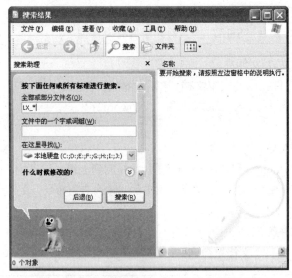

图 2-22 在"搜索结果"窗口中输入搜索目标

【内容 12】按部分文件名及扩展名搜索文件

要求：在 E 盘上搜索文件名的第 4 个字母为"n"、扩展名为"TXT"的所有文档。

 操作过程参见"内容 11"，只是在步骤（2）的"全部或部分文件名"文本框内要输入"???n*.txt"。

【内容 13】同时搜索多个文件

要求：在 E 盘上搜索文件名以"LX_"开头的、扩展名为"TXT"或"DOC"的所有文档。

【知识点链接】

搜索中使用的符号"*、?"为通配符,其中"*"代表任意多个字符,"?"代表任意一个字符。

Windows 将根据用户确定的搜索条件对本地硬盘的文件夹、文件进行搜索,并将搜索结果显示在资源管理器右侧的窗格内。需要终止本次搜索时,可单击"停止搜索"按钮。

若同时查找多个文件或文件夹,在"全部或部分文件名"文本框内需要用空格分隔各文件名。因此,本题的操作过程参见【内容 11】,只是在"全部或部分文件名"文本框内的输入要改为"LX_*.txt LX_*.doc"(两个文件名之间有空格)。

【内容 14】设置共享文件夹

要求:将自己的文件夹设置为共享文件夹。

【操作步骤】

在 Windows 环境下,可以通过共享文件夹的方式实现网络中文件的传输。

(1)在"我的电脑"或"资源管理器"中选定自己的文件夹。

(2)依次选择"文件"菜单的"共享和安全"命令,或单击鼠标右键,在弹出的快捷菜单中选择"共享和安全"命令。

(3)打开"属性"对话框中的"共享"选项卡,如图 2-23 所示。

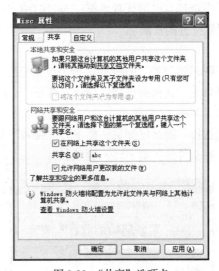

图 2-23 "共享"选项卡

(4)选中"在网络上共享这个文件夹"复选框,这时"共享名"文本框和"允许网络用户更改我的文件"复选框变为可用状态。用户可以在"共享名"文本框中更改该共享文件夹的名称;若清除"允许网络用户更改我的文件"复选框,则网络上其他用户只能看该共享文件夹中的内容,而不能对其进行修改。

(5)设置完毕后,单击"应用"按钮和"确定"按钮即可。

在"共享名"文本框中更改的名称是其他用户连接到此共享文件夹时将看到的名称,文件夹的原有名称并没有改变。

【内容 15】使用"发送到"命令复制文件或文件夹

要求：使用"发送到"命令将自己文件夹中保存的文件复制到自己的软盘或优（USB）盘中。

【操作步骤】

（1）将优（USB）盘插在 USB 接口中。

（2）在"我的电脑"或"资源管理器"中选定 E 盘（或其他磁盘）内自己的文件夹。

图 2-24 "发送到"子菜单

（3）依次单击"文件"菜单的"发送到"命令，弹出子菜单，如图 2-24 所示。

（4）在"发送到"子菜单中选择自己的优盘盘符，如"KINGSTON（N：）盘"。

【内容 16】设置显示或隐藏文件的扩展名

【操作步骤】

（1）在"我的电脑"或"资源管理器"中显示 C 盘（或其他磁盘）内的文件及文件夹。

（2）依次单击"工具"菜单的"文件夹选项"命令，打开"文件夹选项"对话框。

（3）单击"查看"选项卡，如图 2-25 所示。

（4）在"高级设置"栏内选择"隐藏已知文件类型的扩展名"复选框。

（5）单击"确定"按钮，则文件的扩展名将不能显示。

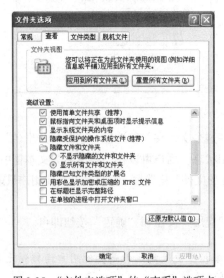

图 2-25 "文件夹选项"的"查看"选项卡

四、实验练习及要求

1. 文件的显示方式

打开"我的电脑",显示 D 盘的所有文件,并改变文件的显示方式。

2. 排列图标

打开"我的电脑",以"详细信息"方式显示 D 盘的所有文件,然后按文件名、类型、大小、修改时间排列文件图标。

3. 文件及文件夹的管理

要求:

(1)在 D 盘根目录下新建一个文件夹,并以本人"学号_班级_姓名"命名,如"11_生物_王力";

(2)在自己的文件夹下创建 3 个文档,分别为 Word 文档,命名为"Word 练习";Excel 文档,命名为"Excel 练习";文本文档,命名为"LX";

(3)在自己的文件夹下建立子文件夹"SUB_WJJ";

(4)在自己的文件夹下将文本文档"LX.TXT"复制为文件"LX_copy.TXT";

(5)将"Word 练习"移动到子文件夹 SUB_WJJ 中,并将其属性改为隐含和只读;

(6)将"Excel 练习"复制到文件夹 SUB_WJJ 中,然后将原文件删除。

4. 文件搜索

要求:将光盘内"Windows"文件夹内的 Word 文档和文本文档复制到 E 盘内,然后分别按以下条件完成搜索文档练习。

(1)搜索所有扩展名为".DOC"的文档。

(2)搜索文档名的首字母为 L 且只由 2 个字母组成的文本文档。

(3)搜索文件内容包含"Windows"且大小不超过 10KB 的文本文件。

(4)搜索 E 盘上修改时间介于 2006 年 9 月 1 日至 2007 年 10 月 8 日的文件。

五、实验思考

1. 如果没有指定文件夹,Windows 会自动把文件保存在哪个文件夹中?
2. 被设置为"共享"的文件夹有什么标志?
3. 使用"搜索"一次查找多个文件或文件夹应如何操作?

实验 3 磁盘管理

一、实验目的

1. 熟练掌握查看磁盘属性的基本操作。
2. 掌握磁盘查错操作。
3. 掌握磁盘的碎片整理和清理磁盘的操作。

二、实验准备

了解 Windows XP 的磁盘管理和维护工具，如磁盘碎片整理、磁盘扫描、磁盘清理和格式化磁盘等工具的作用。

三、实验内容及步骤

【内容1】查看磁盘的常规属性

【知识点链接】

磁盘的常规属性包括磁盘的类型、文件系统、空间大小、卷标信息等。

【操作步骤】

（1）双击"我的电脑"图标，打开"我的电脑"窗口。

（2）鼠标右键单击磁盘图标（如 D 盘），在弹出的快捷菜单中选择"属性"命令。

（3）打开"磁盘属性"对话框，选择"常规"选项卡，如图 2-26 所示。

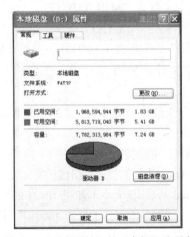

图 2-26 "磁盘属性"的"常规"选项卡

（4）在该选项卡中，用户可以在最上面的文本框中键入该磁盘的卷标；在该选项卡的中部显示了该磁盘的类型、文件系统、打开方式、已用空间及可用空间等信息；在该选项卡的下部显示了该磁盘的容量，并用饼图的形式显示了已用空间和可用空间的比例信息。单击"磁盘清理"按钮，可启动磁盘清理程序，进行磁盘清理。

（5）单击"应用"或"确定"按钮，可应用在该选项卡中更改的设置。

【内容2】对磁盘进行查错操作

【知识点链接】

用户在经常进行文件的移动、复制、删除及安装、删除程序等操作后，可能会出现坏的磁盘扇区，坏扇区会降低硬盘性能，有时还会导致难以甚至无法执行数据写入操作（如文件保存）。执行磁盘查错程序可以扫描硬盘驱动器中是否存在坏扇区，并扫描文件系统错误，修复文件系统的错误，恢复坏扇区等。因此，为了防止数据丢失，应该定期运行此实用工具。

【操作步骤】

（1）双击"我的电脑"图标，打开"我的电脑"窗口。

（2）鼠标右键单击磁盘图标（如 E 盘），在弹出的快捷菜单中选择"属性"命令。

（3）打开"磁盘属性"对话框，选择"工具"选项卡，如图 2-27 所示。

图 2-27 "磁盘属性"的"工具"选项卡

（4）单击"开始检查"按钮，弹出"检查磁盘"对话框，如图 2-28 所示。

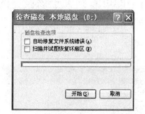

图 2-28 "检查磁盘"对话框

（5）选中"扫描并试图恢复坏扇区"复选框，单击"开始"按钮，即可开始进行磁盘查错，在"进度"框中可看到磁盘查错的进度。

如果认为磁盘包含坏扇区，可以仅选中"自动修复文件系统错误"复选框。

（6）磁盘查错完毕后，将弹出"正在检查磁盘"对话框，如图 2-29 所示。

图 2-29 "正在检查磁盘"对话框

（7）单击"确定"按钮即可。

　　　在"工具"选项卡中单击"碎片整理"选项组中的"开始整理"按钮，可执行"磁盘碎片整理程序"。

【内容 3】查看磁盘的硬件信息
【操作步骤】
（1）双击"我的电脑"图标，打开"我的电脑"窗口。
（2）鼠标右键单击 E 盘图标，在弹出的快捷菜单中选择"属性"命令。

（3）在"属性"对话框中选择"硬件"选项卡，如图 2-30 所示。

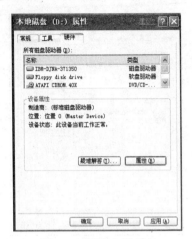

图 2-30 "硬件"选项卡

（4）在该选项卡中的"所有磁盘驱动器"列表框中显示了计算机中的所有磁盘驱动器。单击 E 盘驱动器，在"设备属性"选项组中即可看到关于该设备的信息。

（5）单击"属性"按钮，可打开设备属性对话框，如图 2-31 所示。在该对话框中显示了该磁盘设备的详细信息。

图 2-31 设备属性对话框

如果用户要更新驱动程序，可在图 2-31 所示的设备属性对话框中选择"驱动程序"选项卡，如图 2-32 所示。

（1）单击"更新驱动程序"按钮，即可在弹出的"硬件升级向导"对话框中更新驱动程序。

（2）单击"驱动程序详细信息"按钮，可查看驱动程序文件的详细信息。

（3）单击"返回驱动程序"按钮，可在更新失败后用备份的驱动程序返回到原来安装的驱动程序。

（4）单击"卸载"按钮，可卸载该驱动程序。单击"确定"或"取消"按钮，可关闭该对话框。

图 2-32　"驱动程序"选项卡

实验 4　控制面板的使用

一、实验目的

1. 学会"控制面板"的使用。
2. 掌握系统设置的方法。

二、实验准备

了解"控制面板"及其包含的系统设置类别。

三、实验内容及步骤

【知识点链接】

"控制面板"提供了丰富的专门用于更改 Windows 外观和行为方式的工具。使用这些工具可对系统进行配置、管理、优化以及设备安装。

使用"控制面板"进行系统设置时，首先要打开"控制面板"窗口（见图 2-33），即打开"开始"菜单，单击"控制面板"命令。

图 2-33　"控制面板"窗口

【内容 1】在 Windows 系统中添加应用程序

要求：在计算机的使用过程中，根据用户的需要经常安装新的应用程序。

【操作步骤】

（1）打开"控制面板"窗口，单击"添加/删除程序"图标，打开"添加或删除程序"窗口。

（2）单击窗口左侧的"添加新程序"按钮，如图 2-34 所示，右侧会显示出与添加新程序相关的内容。

（3）确定安装途径，单击"CD 或软盘"按钮或"Windows Update"按钮。

（4）按照系统逐步出现的屏幕提示完成安装操作。

 提示 对于大多数应用程序，可以通过"资源管理器"定位到安装程序原文件的位置，直接运行安装程序，按照提示即可完成安装。

图 2-34 添加新程序

【内容 2】删除应用程序

【知识点链接】

在计算机的使用过程中，对于不再使用的程序，为节省硬盘空间和提高系统性能，可对其进行删除。

【操作步骤】

（1）打开"添加或删除程序"窗口。

（2）单击"更改或删除程序"按钮，窗口右侧会列出当前系统已经安装的程序，如图 2-35 所示。

（3）单击要删除的程序名。

（4）单击"更改/删除"按钮。

（5）按屏幕出现的提示对话框逐步完成删除。

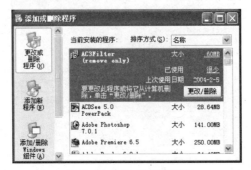

图 2-35 更改或删除程序

【内容 3】创建新的用户账户

要求：为自己创建一个新的 Windows 用户账户，并设置密码。

【操作步骤】

（1）单击"开始"按钮，选择"控制面板"命令，打开"控制面板"窗口。

（2）单击"用户账户"图标，打开"用户账户"主页窗口，如图 2-36 所示。

图 2-36　"用户账户"窗口

（3）在该窗口的"挑选一项任务…"选项组中选择"创建一个新账户"，如图 2-37 所示。

（4）屏幕提示"为新账户起名"，在对应文本框中输入自己的姓名，如 abc。单击"下一步"按钮。

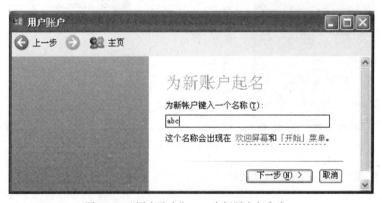

图 2-37　"用户账户"——为新用户起名窗口

（5）屏幕提示"挑选一个账户类型"，默认为"计算机管理员"，具有管理账户、进行系统安装、系统设置和访问所有系统文件的权限。另一个类型为"受限"，其使用权限受到限制，只能进行自己账户范围内的设置操作，以及查看自己创建的文件。单击选择其中一个。

（6）单击"创建账户"按钮，结束创建，窗口中显示新增加了一个用户名及图标。

（7）单击自己的账户，屏幕提示"您想更改 abc 的账户的什么"，并列出更改项目，包括"更改名称"、"创建密码"、"更改图片"、"更改账户类型"、"删除账户"。单击"创建密码"，窗口显示如图 2-38 所示。

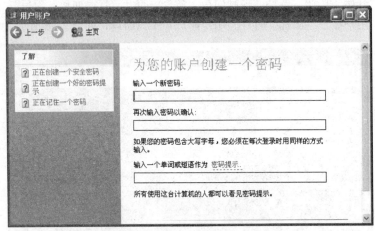

图 2-38 "用户账户"——创建密码窗口

（8）按屏幕提示，完成输入密码、确认密码的操作。单击"创建密码"按钮，返回上一界面，则在自己的账户名（如 abc 账户）下显示"密码保护"，说明密码创建成功，如图 2-39 所示。

图 2-39 创建账户密码后的窗口显示

【内容 4】更改自己账户的密码及图标

【操作步骤】

（1）单击"用户账户"图标，打开"用户账户"主页窗口。

（2）单击自己的账户，屏幕显示更改项目命令组。

（3）依次选择"更改密码"、"更改图片"命令，按不同的屏幕提示完成操作。

进行用户账户的更改，还可以在"用户账户"窗口直接单击"更改账户"命令，打开选择账户窗口，如图 2-40 所示。单击某个账户后，进入选择更改项目窗口。

图 2-40 用户账户选择窗口

【内容 5】练习注销用户、切换用户的操作

【知识点链接】

为了适应多用户的使用特点，Windows 应用注销功能，使用户不必重新启动计算机就可以实现多用户登录，这样既快捷方便，又减少了对硬件的损耗。

【操作步骤】

注销的操作步骤如下。

（1）打开"开始"菜单，单击"注销"命令按钮，打开"注销 Windows"提示框，如图 2-41 所示。

图 2-41 "注销 Windows"提示框

（2）单击"注销"命令按钮。

在"注销 Windows"对话框中还可以选择"切换用户"命令，该命令与"注销"的区别如下。

● 切换用户：在不关闭当前登录用户的情况下切换到另一个用户，当前用户可以不关闭正在运行的程序，而当再次返回时系统会保留原来的状态。

● 注销：结束当前程序的运行，保存设置并关闭当前登录用户。

【内容 6】删除自己创建的用户账户

【操作步骤】

（1）单击"用户账户"图标，打开"用户账户"窗口。

（2）单击自己的账户，屏幕显示更改项目命令组。

（3）单击"删除账户"命令，按屏幕提示确认删除。

四、实验练习及要求

1. 鼠标设置

由原来的右手习惯改为左手习惯；并调整双击速度，使之加快（或减慢）。然后恢复原有设置。

2. 系统时间、日期设置

设置系统时间为：18 点 40 分，日期为：2012 年 9 月 1 日，然后恢复当前设置。

实验 5 "附件"中应用程序的使用

一、实验目的

1. 学会"附件"中"记事本"程序的使用。
2. 学会"写字板"程序的使用。
3. 学会"画图"等程序的使用。

二、实验准备

在 D 盘（或其他用户磁盘）下创建自己的文件夹。

三、实验内容及步骤

【内容 1】"画图"程序的使用

要求：

（1）用"画图"程序任意创作一幅图片，要求构图优美、文字高雅。

（2）将图片保存到自己的文件夹中，文件名为"图画_桌面"。

（3）将图片设置为桌面墙纸，然后恢复墙纸的设置。

【知识点链接】

"画图"是一个位图图像编辑程序，用户可以使用它绘制图画，也可以对扫描的图片及其他各种位图格式的图画进行编辑、修改。编辑完成后，可以保存为 BMP、JPG、GIF 等格式的图片文档，用户可以将其发送到桌面设置为桌面背景，还可以插入其他文本文档中。

【操作步骤】

（1）单击"开始"，依次选择"程序"→"附件"→"画图"命令。

（2）打开"画图"窗口，如图 2-42 所示。

图 2-42 "画图"窗口

（3）选择工具箱中的不同工具绘制图画，利用"图像"菜单中的命令修饰图画。

（4）选择"文件"菜单→"设置为墙纸"命令，将图片设置为墙纸。将打开的窗口最小化，观察墙纸的效果。

（1）在按住 Shift 键的同时拖动"直线"工具，可以画水平（垂直）直线或 45 度斜直线。

（2）在按住 Shift 键的同时拖动"矩形"工具，可以画正方形。

（3）在按住 Shift 键的同时拖动"椭圆形"工具，可以画正圆。

【内容 2】"记事本"程序的使用

要求：

（1）利用"记事本"输入文字"Windows 操作系统"。

（2）进行格式设置：字体为楷体，字形为斜体，字号为二号。

（3）将文件以"记事本_练习"为名保存到自己的文件夹内。

【操作步骤】

（1）单击"开始"，依次选择"程序"→"附件"→"记事本"命令。

（2）打开"记事本"窗口，如图 2-43 所示。

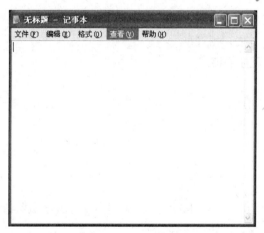

图 2-43 "记事本"窗口

（3）输入文字内容。

（4）选定文字，单击"格式"菜单，选择"字体"命令，打开"字体"对话框，设置字体、字形、字号。

（5）依次选择"文件"菜单→"另存为"命令，输入文件名，保存文档。

【内容 3】"写字板"程序与"记事本"程序的比较

要求：在"写字板"中打开"内容 2"中建立的"记事本_练习"文档，观察文本的格式是否有变化。

【操作步骤】

（1）单击"开始"，依次选择"程序"→"附件"→"写字板"命令。

（2）打开"写字板"窗口，如图 2-44 所示。

标题栏——
菜单栏——
工具栏——
格式栏——
水平标尺——

编辑区——

状态栏——

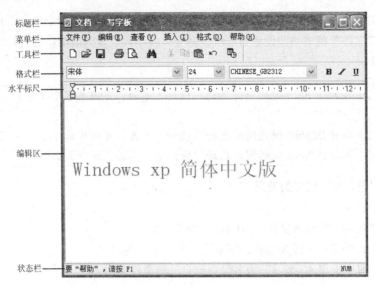

图 2-44　"写字板"窗口

（3）依次选择"文件"菜单→"打开"命令，在"打开"对话框中选择"记事本_练习"文档，单击"打开"按钮。

（4）依次选择"格式"菜单→"字体"命令，在"字体"对话框中查看文本的字体、字形、字号，并与记事本中的文本格式相对照。

【内容 4】"写字板"程序的使用

要求：

（1）进入"写字板"，分别在半角、全角状态下输入"Windows 操作系统"。

（2）将桌面上"我的电脑"图标插入文档内。

（3）保存文件到自己的文件夹中，文件名为"写字板_练习"。

【操作步骤】

使用写字板输入文字。

（1）单击"开始"，依次选择"程序"→"附件"→"写字板"命令。

（2）打开"写字板"窗口，如图 2-44 所示。

（3）选择一种中文输入法，设置半角、全角状态，分别输入汉字及英文内容，对比两种状态下英文字母的显示效果。

在写字板文档中插入"我的电脑"图标。

（1）将打开的窗口最小化。

（2）按"PrtScn"键（或 Print Screen——复制屏幕键）复制整个桌面。

（3）打开"画图"程序，执行"粘贴"命令。

（4）用"画图"中的"选定"框将"我的电脑"图标选定，再执行"复制"或"剪切"操作。

（5）打开"写字板"文档，执行"粘贴"操作。

四、实验练习及要求

1. 计算器的使用

完成下列计算，然后用"附件"中的"计算器"检验是否正确。

$(735)_{10}=(\quad)_8=(\quad)_2$　　　　$(44E)_{16}=(\quad)_8$　　　　$(10110110)_2=(\quad)_{10}=(\quad)_8$

2．"命令提示符"程序的使用

打开"命令提示符"窗口，并将窗口最大化，然后再还原，退回到 Windows 系统。

3．画图程序的使用

利用"画图"程序画出如下图形：圆形、正方形、等腰三角形，并在相应图形下标注图形的名称，然后保存文件到自己的文件夹中，文件名为"图画_图形"。

五、实验思考

1．在"记事本"中是否可以插入图片？

2．如何将"命令提示符"窗口调整为全屏显示？

3．如何在全屏显示下退出"命令提示符"窗口？

实验 6　快捷键的使用

一、实验目的

掌握 Windows 系统环境下各种快捷键的使用。

二、实验准备

1．了解表 2-1 中的 Windows 系统环境下各种快捷键及其功能。

2．在 D 盘（或其他用户磁盘）下创建自己的文件夹。

表 2-1　　　　　　　　　　　　　　窗口通用快捷键及其功能

快　捷　键	功　　能
Alt+Tab	在当前打开的各个程序窗口之间正向（由左至右）切换
Alt+Shift+Tab	在当前打开的各个程序窗口之间逆向（由右至左）切换
Alt+Esc	按照打开窗口的顺序切换窗口
Ctrl+Esc	打开"开始"菜单
Alt+Space	打开"控制"菜单
Alt+F4	关闭窗口，退出程序
Ctrl+Alt+Delete	强制关闭窗口，结束程序运行
F1	打开帮助
Shift+F10	打开当前状态的快捷菜单
Alt	激活菜单栏
Ctrl+A	全部选定当前对象
Ctrl+X	剪切选定的对象
Ctrl+C	复制选定的对象
Ctrl+V	粘贴复制或剪切后的对象
Ctrl+Z	撤销前一步操作

快 捷 键	功 能
Delete	删除光标后的字符
Backspace	删除光标前的字符
Print Screen 或 PrtScn	复制当前屏幕到剪贴板
Alt+Print Screen 或 PrtScn	复制当前窗口、对话框等对象到剪贴板

三、实验内容及步骤

【内容1】使用下列快捷键，观察执行效果

要求：打开"我的电脑"或"资源管理器"窗口，然后依次使用下列快捷键，观察其执行效果是否与表中所列功能描述相同。

快捷键：Ctrl+Esc、Alt+Space、F1、Shift+F10、Alt。

【内容2】使用快捷键复制对话框及当前窗口

要求：进入"写字板"，使用 Alt+Print Screen 快捷键将"写字板"中的"字体"对话框插入文档中。保存文档到自己的文件夹，命名为"快捷键_练习"。

【操作步骤】

（1）单击"开始"，依次选择"程序"→"附件"→"写字板"命令，打开"写字板"窗口。

（2）依次选择"格式"菜单→"字体"命令，打开"字体"对话框。

（3）按"Alt+Print Screen"快捷键，复制"字体"对话框。

（4）单击"取消"命令，关闭"字体"对话框。

（5）在"写字板"中执行"粘贴"命令。

（6）保存文档。

第3章
文字处理软件 Word

本章实验基本要求

- 熟练掌握 Word 文档的基本操作。
- 熟练掌握文档的排版。
- 掌握表格的制作。
- 掌握图片和文字的混合排版。

实验 1　Word 文档的基本操作

一、实验目的

1. 掌握文件的新建、打开、保存和关闭等操作。
2. 掌握文档编辑中"符号"及"特殊符号"的插入方法。
3. 掌握文本的查找与替换。
4. 熟练掌握文本的选中、移动、复制、剪切和粘贴操作。

二、实验准备

1. 了解 Word 程序窗口中标题栏、菜单栏、工具栏、状态栏等组成元素。
2. 在某个磁盘（如 D 盘）下创建自己的文件夹。

三、实验内容及步骤

【知识点链接】

在 Word 窗口中，对文档的基本操作，如新建、打开、保存、关闭等都要通过"文件"菜单完成。对文档内容的编辑、修改操作，如复制、粘贴、剪切、查找、替换等是通过"编辑"菜单完成的。文档窗口的显示查看类操作要使用"视图"菜单。

输入文档内容时，使用"插入"菜单可以在文档中插入符号、图片等无法直接通过键盘输入完成的操作。

【内容1】创建文档

要求：

（1）在 Word 中录入图 3-1 所示的内容（不包括外边框），并保存为"文档 1.DOC"，保存位置为自己的文件夹。

保存文件

"文件"菜单→"保存"：用于不改变文件名保存。

"文件"菜单→"另存为"：一般用于改变文件名的保存，包括盘符、目录或文件名的改变。

"文件"菜单→"另存为 Web 页"：存为 HTML 文件，其扩展名为.htm、.html、.htx 。

图 3-1   文档 1.DOC 的内容

（2）在 Word 中录入图 3-2 所示的内容（不包括外边框），并保存为"文档 2.DOC"，保存位置为自己的文件夹。

生活中的理想温度

人类生活在地球上，每时每刻都离不开温度。一年四季，温度有高有低，经过专家长期的研究和观察对比，认为生活中的理想温度应该是：

居室温度保持在 20℃-25℃；

饭菜的温度为 46℃-58℃；

冷水浴的温度为 19℃-21℃；

阳光浴的温度为 15℃-30℃。

图 3-2   文档 2.DOC 的内容

（3）在 Word 中录入图 3-3 所示的内容（不包括外边框），并保存为"文档 3.DOC"，保存位置为自己的文件夹。

键盘的使用

在 Word 中使用键盘时，除了录入文本之外，Word 文档对键盘还有一些特殊的约定。充分地利用这些约定，可提高工作效率。有时使用键盘比用鼠标更加快捷。

下面是使用键盘的约定。

· 将选定范围扩展到右边一个字符，按 Shift+→组合键。

· 将选定范围扩展到左边一个字符，按 Shift+←组合键。

· 将选定范围扩展到单词结尾，按 Ctrl+Shift+→组合键。

· 将选定范围扩展到单词开头，按 Ctrl+Shift+←组合键。

· 将选定范围扩展到行尾，按 Shift+End 组合键。

· 将选定范围扩展到行首，按 Shift+Home 组合键。

· 将选定范围扩展到向下一行，按 Shift+↓组合键。

· 将选定范围扩展到向上一行，按 Shift+↑组合键。

· 将选定范围扩展到段落结尾，按 Ctrl+Shift+↓组合键。

· 将选定范围扩展到段落开头，按 Ctrl+Shift+↑组合键。

· 将选定范围扩展到向下一屏，按 Shift+Page Dowm 组合键。

· 将选定范围扩展到向上一屏，按 Shif+Page Up 组合键。

· 将选定范围扩展到文档结尾，按 Ctrl+Shift+End 组合键。

· 将选定范围扩展到文档开头，按 Ctrl+Shift+Home 组合键。

· 将选定范围扩展到包括整个文档，按 Ctrl+A 组合键。

若要选定文档中的列范围，先把插入点置于列的起始位置，按住 Alt 键，再按住鼠标左键拖动直到所需列的结束位置。

图 3-3   文档 3.DOC 的内容

（4）使用"文件"菜单，将本实验中创建的 3 个文档都打开。

（5）使用"窗口"菜单，将"D:\文档 2.DOC"切换为当前文档。

（6）使用"文件"菜单，将 3 个文档都关闭。

【知识点链接】

（1）新建文档、保存文档、关闭文档、打开文档。

（2）录入文档时插入"特殊符号"。

【操作步骤】

（1）打开 Word 程序，系统自动创建并打开一个新的 Word 文档"文档 1.DOC"。

（2）单击"文件"菜单→"保存"命令，打开"另存为"对话框。

（3）在"保存位置"下拉列表中找到自己的文件夹，在"文件名"文本框中输入文档名，单击"保存"按钮。

（4）按照上述方法依次新建 2 个文档，分别命名为"文档 2.DOC"和"文档 3.DOC"。

（5）在 3 个文档中分别输入图 3-1、图 3-2 和图 3-3 所示的文档内容，然后保存并关闭文档。

● 在文档中插入"→"等符号的操作

（1）单击"插入"菜单下的"特殊符号"，打开图 3-4 所示的"插入特殊符号"对话框。

（2）单击"特殊符号"选项卡，单击符号"→"及"确定"按钮。

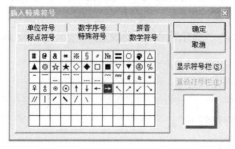

图 3-4　"插入特殊符号"对话框

● 文档打开操作

单击"文件"菜单下的"打开"命令，将各文档分别打开。

● 文档关闭操作

单击"文件"菜单下的"关闭"命令，将各文档分别关闭。

● 将多个打开的文档切换为当前文档操作

打开"窗口"菜单，从中选择当前文档。

【内容 2】编辑文档内容

要求：

（1）对文档 1.DOC 进行如下操作：

① 将本文档中所有的"文件"都替换为"FILE"。

② 将后两段的位置进行互换。

③ 将文档中所有的双引号（""）删除。

（2）对文档 2.DOC 进行如下操作：

① 将文档中所有的"℃"替换为"℉"。

② 在文档中通过"插入"菜单中的"特殊符号"插入图 3-5 所示的一些符号，并输入相应的

文本内容。

数学符号：≈ ∮ ≧ ∞
标点符号：《》 々 【 】 ︽︾
特殊符号：▨ ▼ ★ ※ ㊣
单位符号：mg ℃ ￥ ‰ ℉
数学序号：① Ⅳ （一） ⅩⅡ

图 3-5 文档 2.DOC 的新增内容

③ 在文档中通过"插入"菜单中的"符号"插入图 3-6 所示的一些符号。

→ ↖ ⇐ ↻ ↺ ✎ ☎ ☝ ✋ ☒ ☑
✂ 📖 ✌ ☺ ♉ ☞ ⏮ 🏛 🏭 🔒

图 3-6 文档 2.DOC 中插入的符号

（3）对"文档 3.DOC"进行如下操作：

① 将文档中所有的"硬回车"替换成"软回车"。

② 将文档的全部内容复制 10 份，使文档的内容增加，形成一个长文档。

③ 通过"视图"菜单中的"普通视图"、"页面视图"、"阅读版式视图"进行切换，观察文档显示的变化情况。

④ 通过"视图"菜单中的"显示比例"，将文档的显示比例改为：75%。

【知识点链接】

（1）文本的查找与替换。

（2）复制文本、删除文本。

（3）插入"符号"或"特殊符号"。

（4）切换文档的视图方式。

（5）更改文档的"显示比例"。

（6）"硬回车"与"软回车"的区别。

　　　　文档中的"硬回车"为段落结束标志，通过按 Enter 键来实现；"软回车"为段落中的强制换行，通过组合键 Shift+Enter 来完成操作。

实验 2　文档的排版

一、实验目的

1．掌握字符格式设置和段落格式设置的方法。

2．掌握边框和底纹的设置方法。

3．掌握设置页眉、页脚和页码的方法。

4．掌握页面设置和打印预览的方法。

5．掌握项目符号和编号的设置方法。

6. 掌握首字下沉和分栏的设置方法。

7. 掌握系统模板样式的使用方法。

8. 掌握利用样式生成目录的方法。

二、实验准备

在某个磁盘（如 D:\）下创建自己的文件夹。

三、实验内容及步骤

【知识点链接】

文档的排版操作主要通过"格式"菜单完成，包括：

- 字符格式的排版；
- 段落格式的排版；
- 页面格式的排版；
- 样式格式的排版。

【内容 1】字符格式的排版

要求：

（1）在 Word 中录入图 3-7 所示的内容（不包括外边框），并保存为"文档 4.DOC"，保存位置为自己的文件夹。

字符格式的设置

字符格式的设置包括选择字体和字号、粗体、斜体、下划线、字体颜色等。

1. 设置字体

字体是指文字的形体。单击"格式"工具栏中的字体图标或"格式"菜单中的"字体"菜单，将出现列有不同字体的下拉菜单选项，例如，宋体、楷体、黑体等，它们是系统中已经安装了的字体。

如果要对已输入的文字设置字体，则需首先选定要设置字体的文字，再选定所需字体；如果在输入文字前设置了字体，则以后输入文字的字体与设置的字体相同。

2. 选定字号

字号是指文字的大小。单击"格式"工具栏中的字号图标或"格式"菜单中的"字体"菜单，将出现列有不同字号的下拉菜单，便可选定所需的字号。

改变字体和字的大小的常用方法是：单击"格式"菜单项的"字体"命令，在对话框中选择"字体"选项卡后，从中也同样地可以改变字体、设置字的大小，并可以在"预览"方框中看到字体和大小的变化情况。在"中文字体"、"西文字体"、"字形"、"字号"框中可对字体、字形、字号进行设置；在"全部文字"栏中可用"字体颜色"、"下划线"、"下划线颜色"和"着重号"对文字进行修饰；对"效果"栏中的内容可选择性地进行设置。例如，在设置字形时，可以利用"效果"选项来设置字形的效果。当选择了"删除线"后，所选取的字符就会产生删除线的效果；如果选择"上标"选项，Word 会把所有选取的部分设置为在基准线的上方；如果选择了"隐藏文字"选项，则可将文件中有关的文字或附注隐藏起来；假如想把隐藏的文字或附注再度显示出来，可以单击工具栏上的"显示/隐藏编辑标记"图标，则可重视被隐藏的文字或附注。

图 3-7　文档 4.DOC 的内容

（2）使用"格式"菜单中的"字体"命令，对"文档4.DOC"字体进行如下设置。

① 将标题文字设置为："华文行楷"、"加粗"、"三号"、"红色"；并将文字效果设置为"礼花绽放"效果；

② 将其他所有文字设置为："宋体"、"倾斜"、"五号"、"蓝色"；

③ 将文档中的2个题目设置为："加红色的双下划线"，字符间距设置为20磅；

④ 将全文中的所有字符"格式"都设置为"黑体"、"常规"、"四号"、"红色"。

（3）使用"格式"菜单中的"边框和底纹"命令，对"文档4.DOC"进行如下的边框和底纹的设置。

① 将标题文字加"阴影"边框、加"绿色"底纹；

② 将最后一段加边框、加底纹；样式任意。

排版后的最终效果如图3-8所示。

字符格式的设置

字符格式的设置包括选择字体和字号、粗体、斜体、下划线、字体颜色等。

1．设置字体

字体是指文字的形体。单击"格式"工具栏中的字体图标或"格式"菜单中的"字体"菜单，将出现列有不同字体的下拉菜单选项，例如，宋体、楷体、黑体等，它们是系统中已经安装了的字体。

如果要对已输入的文字设置字体，则需首先选定要设置字体的文字，再选定所需字体；如果在输入文字前设置了字体，则以后输入文字的字体与设置的字体相同。

2．选定字号

字号是指文字的大小。单击"格式"工具栏中的字号图标或"格式"菜单中的"字体"菜单，将出现列有不同字号的下拉菜单，便可选定所需的字号。

改变字体和字的大小的常用方法是：单击"格式"菜单项的"字体"命令，在对话框中选择"字体"选项卡后，从中也同样地可以改变字体、设置字的大小，并可以在"预览"方框中看到字体和大小的变化情况。在"中文字体"、"西文字体"、"字形"、"字号"框中可对字体、字形、字号进行设置；在"全部文字"栏中可用"字体颜色"、"下划线"、"下划线颜色"和"着重号"对文字进行修饰；对"效果"栏中的内容可选择性地进行设置。例如，在设置字形时，可以利用"效果"选项来设置字形的效果。当选择了"删除线"后，所选取的字符就会产生删除线的效果；如果选择"上标"选项，Word会把所有选取的部分设置为在基准线的上方；如果选择了"隐藏文字"选项，则可将文件中有关的文字或附注隐藏起来；假如想把隐藏的文字或附注再度显示出来，可以单击工具栏上的"显示/隐藏编辑标记"图标，则可重视被隐藏的文字或附注。

图3-8　排版后的文档4.DOC的样式

【操作步骤】

（1）设置字符格式

① 先选择要排版的文字。

② 再选择"格式"菜单中的"字体"命令，将出现图 3-9 所示的"字体"对话框。

图 3-9 "字体"对话框

③ 在"字体"对话框中，按要求选择"字体"、"字形"和·"字号"。

（2）设置边框和底纹

① 先选择要排版的文字。

② 再选择"格式"菜单中的"边框和底纹"命令，将出现图 3-10 所示的"边框和底纹"对话框。

图 3-10 "边框和底纹"对话框

③ 在"边框和底纹"对话框中，按要求选择边框和底纹的样式。

【内容 2】段落格式的排版

要求：对图 3-7 中的"文档 4.DOC"进行如下的操作（文中共有 8 个段落）。

（1）段落的设置。

① 缩进的设置：

- 将第 2、第 4、第 5、第 7、第 8 段设置为首行缩进 2 个字符；
- 将第 8 段设置为左缩进 2 个字符、右缩进 2 个字符。

② 对齐的设置：

- 将第 1 段设置为"三号、隶书"，居中对齐；
- 将第 3 段设置为右对齐；
- 将第 6 段设置为分散对齐。

③ 间距的设置：

- 将第 2 段与第 1 段的段间距设置为"2 行"，与第 3 段的段间距设置为"1 行"；
- 将第 4 段的行距设置为"30 磅"。

（2）边框和底纹的设置。

① 将第 4 段加边框；

② 将第 5 段加底纹。

排版后的最终效果如图 3-11 所示。

字符格式的设置

字符格式的设置包括选择字体和字号、粗体、斜体、下划线、字体颜色等。

1. 设置字体

字体是指文字的形体。单击"格式"工具栏中的字体图标或"格式"菜单中的"字体"菜单，将出现列有不同字体的下拉菜单选项，例如，宋体、楷体、黑体等，它们是系统中已经安装了的字体。

如果要对已输入的文字设置字体，则需首先选定要设置字体的文字，再选定所需字体；如果在输入文字前设置了字体，则以后输入文字的字体与设置的字体相同。

2   选   定   字   号

字号是指文字的大小。单击"格式"工具栏中的字号图标或"格式"菜单中的"字体"菜单，将出现列有不同字号的下拉菜单，便可选定所需的字号。

改变字体和字的大小的常用方法是：单击"格式"菜单项的"字体"命令，在对话框中选择"字体"选项卡后，从中也同样地可以改变字体、设置字的大小，并可以在"预览"方框中看到字体和大小的变化情况。在"中文字体"、"西文字体"、"字形"、"字号"框中可对字体、字形、字号进行设置；在"全部文字"栏中可用"字体颜色"、"下划线"、"下划线颜色"和"着重号"对文字进行修饰；对"效果"栏中的内容可选择性地进行设置。例如，在设置字形时，可以利用"效果"选项来设置字形的效果。当选择了"删除线"后，所选取的字符就会产生删除线的效果；如果选择"上标"选项，Word 会把所有选取的部分设置为在基准线的上方；如果选择了"隐藏文字"选项，则可将文件中有关的文字或附注隐藏起来；假如想把隐藏的文字或附注再度显示出来，可以单击工具栏上的"显示/隐藏编辑标记"图标，则可重视被隐藏的文字或附注。

图 3-11　排版后的文档 4.DOC 的样式

【操作步骤】

（1）先选择要排版的段落。

（2）再选择"格式"菜单中的"段落"命令，将出现图 3-12 所示的"段落"对话框。

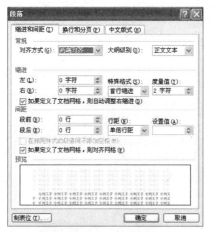

图 3-12　"段落"对话框

（3）在"段落"对话框中，按要求进行相应的排版。

【内容 3】项目符号和编号的设置

要求：在 Word 中录入图 3-13 所示的内容（不包括外边框），并保存为"文档 5.DOC"。对此文档进行如下的操作（文中共有 6 个段落）。

> 时钟电池的更换
>
> 实达计算机主板电池采用长寿命、高性能的锂电池，在正常工作条件下，其使用寿命高达十年，它在计算机开机时，能自动充电。由于计算机的系统设置及所保存的配置，是依靠锂电池供电，因此，请勿随意取出电池。以免 CMOS 设置信息的丢失。如需更换，步骤如下：
>
> 在主板上找到电池安放位置。
>
> 轻轻搬开电池压片，取下旧电池（注意正负极）。
>
> 将新电池换上。
>
> 把压片复位，并装上机箱。

图 3-13　文档 5.DOC 的内容

（1）将第 3～第 6 段加上项目符号，排版结果如图 3-14 所示。

（2）将第 3～第 6 段加上编号，排版结果如图 3-15 所示。

> 时钟电池的更换
>
> 实达计算机主板电池采用长寿命、高性能的锂电池，在正常工作条件下，其使用寿命高达十年，它在计算机开机时，能自动充电。由于计算机的系统设置及所保存的配置，是依靠锂电池供电，因此，请勿随意取出电池。以免 CMOS 设置信息的丢失。如需更换，步骤如下：
>
> ● 在主板上找到电池安放位置。
>
> ● 轻轻搬开电池压片，取下旧电池（注意正负极）。
>
> ● 将新电池换上。
>
> ● 把压片复位，并装上机箱。

图 3-14　加项目符号后的文档 5.DOC 的内容

时钟电池的更换

实达计算机主板电池采用长寿命、高性能的锂电池，在正常工作条件下，其使用寿命高达十年，它在计算机开机时，能自动充电。由于计算机的系统设置及所保存的配置，是依靠锂电池供电，因此，请勿随意取出电池。以免 CMOS 设置信息的丢失。如需更换，步骤如下：

1）在主板上找到电池安放位置。

2）轻轻搬开电池压片，取下旧电池（注意正负极）。

3）将新电池换上。

4）把压片复位，并装上机箱。

图 3-15　加编号后的文档 5.DOC 的内容

【操作步骤】

（1）先选择要排版的段落。

（2）再选择"格式"菜单中的"项目符号和编号"命令，将出现图 3-16 所示的"项目符号和编号"对话框。

图 3-16　"项目符号和编号"对话框

（3）在"项目符号和编号"对话框中，按要求选择"项目符号"或"编号"的样式。

【内容 4】首字下沉的设置

要求：对"文档 5.DOC"的第 2 个段落进行首字下沉的设置，排版结果如图 3-17 所示。

时钟电池的更换

实达计算机主板电池采用长寿命、高性能的锂电池，在正常工作条件下，其使用寿命高达十年，它在计算机开机时，能自动充电。由于计算机的系统设置及所保存的配置，是依靠锂电池供电，因此，请勿随意取出电池。以免 CMOS 设置信息的丢失。如需更换，步骤如下：

在主板上找到电池安放位置。

轻轻搬开电池压片，取下旧电池（注意正负极）。

将新电池换上。

把压片复位，并装上机箱。

图 3-17　首字下沉后的文档 5.DOC 的内容

【操作步骤】

（1）先选择要排版的段落。

（2）再选择"格式"菜单中的"首字下沉"命令，将出现图 3-18 所示的"首字下沉"对话框。

（3）在"首字下沉"对话框中，按要求选择下沉样式，设置"下沉行数"。

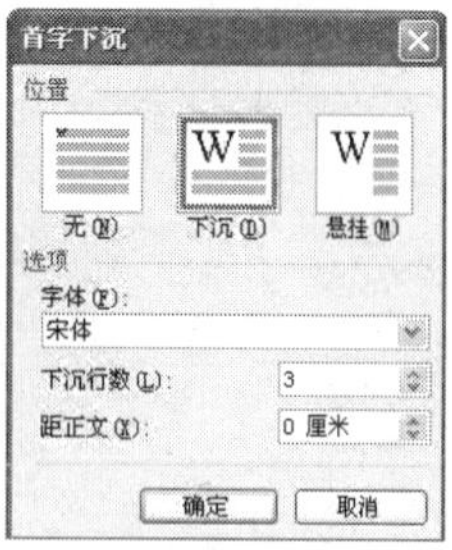

【内容 5】页面格式的排版

要求：对"文档 4.DOC"进行如下操作。

（1）设置页面（使用"文件"菜单）。

① 纸型的设置：将纸张设置为"自定义大小（宽度：17 厘米，高度：21 厘米）。

② 页边距的设置：上、下、左、右页边距分别设置为 2 厘米、2 厘米、2 厘米、2 厘米；打印方向为横向。

③ 文档网格的设置：每页 40 行，每行 35 个字符。

（2）页眉和页脚的设置（使用"视图"菜单）。

① 页眉的设置：将页眉设置为"计算机基础实验指导"、右对齐。

② 页脚的设置：将页脚设置为"第 3 章文字处理软件 Word"、居中对齐。

（3）页码的插入（使用"插入"菜单）。

将页码插入文档的页面底端、右对齐、首行显示页码。

（4）分栏的设置（使用"格式"菜单）。

将文档分成两栏、偏左、加分隔线。排版后的最终效果如图 3-19 所示。

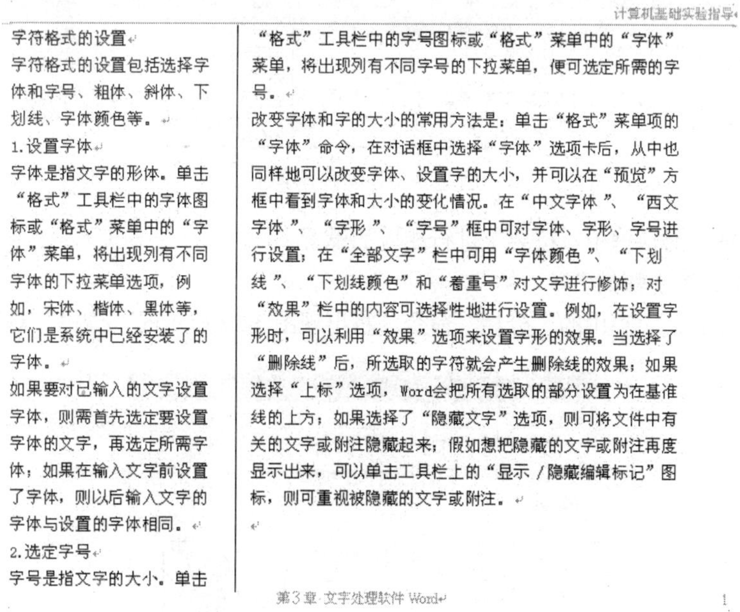

图 3-18　"首字下沉"对话框

图 3-19　页面格式排版后的文档 4.DOC 的内容

【操作步骤】

（1）页面的设置步骤如下：

① 选择"文件"菜单中的"页面设置"命令，将出现图 3-20 所示的"页面设置"对话框。

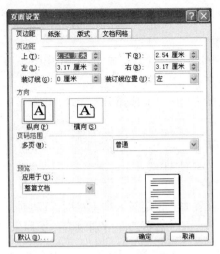

图 3-20 "页面设置"对话框

② 在"页面设置"对话框中，按要求进行相应的设置。

（2）页眉和页脚的设置步骤如下：

① 选择"视图"菜单中的"页眉和页脚"命令，将进入"页眉和页脚"区域。

② 在"页眉和页脚"区域中输入相应的文字，并按要求排版。

（3）页码的插入步骤如下：

① 选择"插入"菜单中的"页码"命令，将出现图 3-21 所示的"页码"对话框。

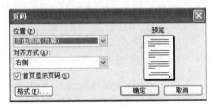

图 3-21 "页码"对话框

② 在"页码"对话框中，按要求进行相应的设置。

（4）分栏的设置步骤如下：

① 选择"格式"菜单中的"分栏"命令，将出现图 3-22 所示的"分栏"对话框。

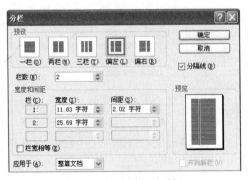

图 3-22 "分栏"对话框

② 在"分栏"对话框中，按要求进行相应的设置。

【内容 6】样式格式的排版

要求：在 Word 中录入图 3-23 所示的内容（不包括外边框），并保存为"文档 6.DOC"。对此文档利用样式生成目录。

第 1 章 C 语言概述及 C 程序的实现

1.1 基本知识点

一个 C 源程序文件是由一个或若干个函数组成的。在这些函数中有且只有一个是主函数 main ( )，主函数由系统提供。各个函数在程序中所处的位置并不是固定的。

一个 C 源程序文件是一个编译单位，即以源文件为单位进行编译，而不是以函数为单位进行编译。

1.1.1 C 程序的组成、main( )函数

1.1.2 标识符的使用

C 语言中所有数据都是以常量、变量、函数和表达式的形式出现在程序中的，在程序中，要用到很多名字。其中，用来标识符号常量名、变量名、函数名、数组名以及类型名等有效字符序列称为标识符。

1.1.3 C 程序的上机过程

1.2 例题分析

例 1.5 以下（　　）不是合法标识符。

A. Float   B. unsigned   C. intege   D. Char

相关知识：C 语言的标识符。

1.3 习题及答案

第 2 章 数据类型、运算符与表达式

2.1 基本知识点

2.1.1 基本数据类型及其定义

2.1.2 常量

常量：在程序运行过程中，其值不变的量，叫常量。常量分为普通常量和符号常量(用#difine 定义)两种。

常量的类型分为：整型、实型（单精度型、双精度型）、字符型和字符串常量。

2.1.3 变量

2.2 例题分析

第 3 章 C 语言程序设计及编译预处理

3.1 基本知识点

3.1.1 简单程序设计

简单程序设计又称为顺序结构程序设计，是程序设计的最基本的结构，其设计很简单。在这部分内容中，主要涉及到的内容有：① 利用计算机求解实际问题的过程，② 算法及表示方法。

3.1.2 选择结构程序设计

3.1.3 循环结构程序设计

3.1.4 编译预处理

3.2 例题分析

图 3-23 文档 6.DOC 的内容

【操作步骤】

（1）系统样式的设置（使用"格式"→"样式"菜单）。

① 将所有"章"的格式设置为："标题 1"样式。

② 将所有"节"的格式设置为："标题 2"样式。

③ 将所有"小节"的格式设置为："标题 3"样式。

（2）利用样式生成目录的设置（使用"插入"菜单）。

① 选择生成目录的位置，执行"插入"→"引用"→"索引和目录"命令后，出现图 3-24 所示的"索引和目录"对话框。

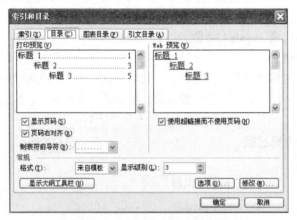

图 3-24 "索引和目录"对话框

② 在"目录"选项卡中设置目录的"显示级别"，如图 3-24 所示。单击"确定"按钮后，将生成目录，如图 3-25 所示。

图 3-25 自动生成的目录

实验 3　表格的操作

一、实验目的

1. 掌握表格的绘制方法。
2. 掌握表格的编辑方法。

二、实验准备

在某个磁盘（如 D:\）下创建自己的文件夹。

三、实验内容及步骤

【知识点链接】

表格的操作主要通过"表格"菜单完成。

1. 表格的绘制：有自动绘制和手动绘制 2 种方法。
2. 表格的编辑：

① 单元格的插入、删除和修改。

② 行或列的插入、删除和修改。

③ 表格的插入、删除和修改。

【内容 1】简单表格的绘制及编辑

要求：

（1）在 Word 中绘制图 3-26 所示的表格，并保存为"表格 1.DOC"。

图 3-26　表格 1

（2）在 Word 中绘制图 3-27 所示的表格，并保存为"表格 2.DOC"。

图 3-27　表格 2

（3）在 Word 中绘制图 3-28 所示的表格，并保存为"表格 3.DOC"。

图 3-28　表格 3

（4）在 Word 中绘制图 3-29 所示的表格，并保存为"表格 4.DOC"。

图 3-29　表格 4

（5）在 Word 中绘制图 3-30 所示的 3 个表格，并保存为"表格 5.DOC"。

课程表

		星期一	星期二	星期三	星期四	星期五
上午	1~2	语文	计算机	语文	数学	外语
上午	3~4	数学	外语	美术	计算机	品德
下午	5~6	体育	音乐		体育	
下午	7~8					

课　程　表

	星期一	星期二	星期三	星期四	星期五
上午					
下午					

无名机械加工工作票

检验纪录					半成品纪录			
检别	日期	合格	废品	签字	日期	收入件	发出件	仓库员签字
自检								
复检								

图 3-30　表格 5

【操作步骤】

（1）表格的绘制步骤：

① 选择"表格"菜单中的"插入"→"表格"命令，将出现图 3-31 所示的"插入表格"对话框。

② 在"插入表格"对话框中，按要求输入"列数"、"行数"等信息。

（2）单元格的合并与拆分步骤：

① 选择要合并或拆分的单元格。

② 选择"表格"菜单中的"合并单元格"或"拆分单元格"命令，将进行合并或拆分单元格操作。

（3）表格边框线的设置步骤：

① 选择要更改表格的单元格。

② 选择"格式"菜单中的"边框和底纹"命令，将出现图 3-32 所示的"边框和底纹"对话框，在对话框的"边框"选项卡中，按要求做相应的设置。

图 3-31　"插入表格"对话框

图 3-32　"边框和底纹"对话框

【内容 2】复杂表格的绘制及编辑

要求：

（1）在 Word 中绘制图 3-33 所示的表格，并保存为"表格 6.DOC"。

中国商业银行汇票委托书

汇款人			收款人								
账号或地址			账号或地址								
兑付地点	省　市	兑付行	汇款用途								
汇款金额人民币				十	万	千	百	十	元	角	分

图 3-33　表格 6

（2）在 Word 中绘制图 3-34 所示的表格，并保存为"表格 7.DOC"。

招聘登记表

姓名		民族		照片
出生日期		政治面貌		
英语程度		联系电话		
就业意向				
E_mail 地址				
通信地址				
有何特长				
奖励或处分情况				

简历	时间	所在单位	职务

学院推荐意见：

（盖章）

年月日

学校就业办意见	（盖章） 年　月　日	用人单位意见	（盖章） 年　月　日

图 3-34　表格 7

【操作步骤】

按照【内容 1】的方法，自己绘制并修改相应的表格。

实验 4 图片的操作

一、实验目的

1. 掌握引用类图片：剪贴画、磁盘中的图片、艺术字等的插入方法。
2. 掌握文本框的使用方法及功能。
3. 掌握图片的排版方法。
4. 掌握自选图形的绘制方法。
5. 掌握输入数学公式的方法。
6. 掌握图片与文字的混合排版。

二、实验准备

在某个磁盘（如 D:\）下创建自己的文件夹。

三、实验内容及步骤

【知识点链接】

在 Word 文档中插入图片应使用"插入"菜单。插入图片的类型如下。

① 引用类图片：剪贴画、磁盘中的图片、艺术字等。

② 绘制类图片：自选图形等。

③ 文本框。

④ 数学公式。

【内容 1】引用类图片及文本框的操作

要求：在 Word 中录入图 3-35 所示的内容（不包括外边框），并按要求排版，保存为"图片1.DOC"。对此文档进行如下的操作。

数据库基础知识

实习操作训练

通过对数据库基础知识和工具的使用的实习操作训练，使学生掌握数据库使用主流工具软件实践知识，扩大加深对课程内容的理解，提高学生的实践能力和工作能力。

通过实际应用的练习，促进学生对数据库系统的设计与应用技术的理解和掌握，以及对数据库结构、数据库记录的管理系统实现。真正使学生通过学习掌握数据库的一般设计和设置使用知识，能够独立设计出有一定实用性的管理信息系统，完成教学任务。

图 3-35 图片 1.DOC 的内容

（1）在文档中插入"剪贴画"。

① 使用"插入"菜单，在文档中插入"剪贴画"；

② 使用"格式"菜单，将此"剪贴画"设置为"四周型"环绕。

排版后的最终效果如图 3-36 所示。

数据库基础知识

实习操作训练

通过对数据库基础知识和工数据库使用主流工具软件实践知学生的实践能力和工作能力。

通过实际应用的练习，促进学理解和掌握，以及对数据库结构、生通过学习掌握数据库的一般设一定实用性的管理信息系统，完成教学任务。

具的使用的实习操作训练，使学生掌握识，扩大加深对课程内容的理解，提高

生对数据库系统的设计与应用技术的数据库记录的管理系统实现。真正使学计和设置使用知识，能够独立设计出有

图 3-36　插入剪贴画后的图片 1.DOC

（2）在文档中使用"艺术字"。

① 在图 3-36 的基础上选定文档的标题，使用"插入"菜单，在文档中插入"艺术字"；

② 使用"格式"菜单，将此"艺术字"做相应的设置。

排版后的最终效果如图 3-37 所示。

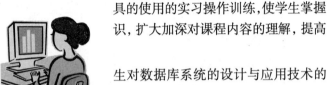

数据库基础知识

实习操作训练

通过对数据库基础知识和工数据库使用主流工具软件实践知学生的实践能力和工作能力。

通过实际应用的练习，促进学理解和掌握，以及对数据库结构、

具的使用的实习操作训练，使学生掌握识，扩大加深对课程内容的理解，提高

生对数据库系统的设计与应用技术的数据库记录的管理系统实现。真正使学

生通过学习掌握数据库的一般设计和设置使用知识，能够独立设计出有一定实用性的管理信息系统，完成教学任务。

图 3-37　使用艺术字后的图片 1.DOC

（3）在文档中使用"文本框"。

① 在图 3-37 的基础上，使用"插入"菜单，在文档中插入"文本框"，并在文本框中输入"操作练习"；

② 使用"格式"菜单，将此"艺术字"做相应的设置。

排版后的最终效果如图 3-38 所示。

通过对数据库基础知识和工数据库使用主流工具软件实践知学生的实践能力和工作能力。

　　通过实际应用的练习,促进学理解和掌握，以及对数据库结构、生通过学习掌握数据库的一般设计和设置使用知识，能够独立设计出有一定实用性的管理信息系统，完成教学任务。

具的使用的实习操作训练,使学生掌握识，扩大加深对课程内容的理解，提高

生对数据库系统的设计与应用技术的数据库记录的管理系统实现。真正使学

图 3-38　使用文本框后的图片 1.DOC

【操作步骤】

在文档中插入"剪贴画"并设置环绕方式的步骤如下。

① 选择"插入"菜单中的"图片"→"剪贴画"命令，从中选择"管理剪辑"，将出现图 3-39 所示的"Microsoft 剪辑管理器"对话框；在该对话框中打开"Office 收藏集"选项，从中找到需要的图片，如图 3-40 所示。将选定的图片通过"复制"、"粘贴"的方法插入文档中。

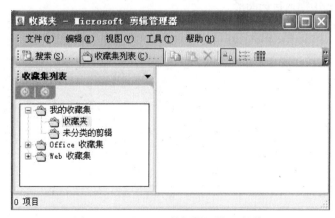

图 3-39　"Microsoft 剪辑管理器"对话框

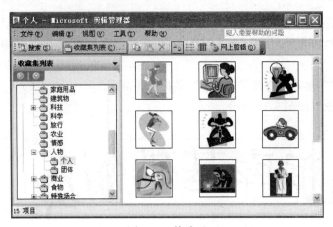

图 3-40　剪贴画

② 选定图片，使用"格式"菜单中的"图片"命令，将此"剪贴画"设置为"四周型"环绕。将出现图 3-41 所示的"设置图片格式"对话框；在此对话框的"版式"选项卡中，按要求进行设置。

图 3-41　"设置图片格式"对话框

【内容 2】在文档中插入自选图形

要求：在 Word 中利用自选图形绘制图 3-42 所示的流程图，保存为"图片 2.DOC"。

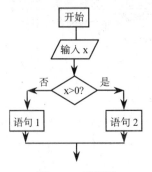

图 3-42　流程图

【操作步骤】

（1）选择"插入"菜单中的"图片"→"自选图形"命令，将出现图 3-43 所示的"自选图形"

工具栏。

（2）从工具栏中选择相应的工具进行图形绘制。

（3）将绘制的各个图形进行组合：选定所有图形，右键单击鼠标，从快捷菜单中选择"组合"，将所有的图形进行组合。

【内容3】在文档中插入数学公式

要求：在 Word 中绘制图 3-44 所示的数学公式，保存为"图片 3.DOC"。

图 3-43　"自选图形"工具栏

$$\sqrt[3]{\frac{a^2+b}{c-d}}$$

$$\int_L (x^2+y)\mathrm{d}s + \sum_{i=1}^{10}(a_i^3 + b_i^2)$$

图 3-44　数学公式

【操作步骤】

（1）选择"插入"菜单下的"对象"命令，将出现图 3-45 所示的"对象"对话框；从中选择"Microsoft 公式 3.0"，将出现图 3-46 所示的"公式"工具栏。

图 3-45　"对象"对话框

图 3-46　"公式"工具栏

（2）从工具栏中选择相应的工具进行数学公式的绘制。

【内容4】图文混排操作

要求：

（1）在 Word 文档中输入排版效果如图 3-47 所示的内容（不包括外边框），保存为"图文 1.DOC"。

① 标题使用艺术字。

② 插入数学公式。

③ 插入图片（设置为冲蚀，即水印效果）。

④ 插入标注（自选图形）。

§3.1 方程求根

科学技术的很多问题常常归结为求方程 $f(x)=0$ 的根。在中学里我们已解过 x 的二次方程，如 $ax^2+bx+c=0$ 就属于这一种类型。方程的根有两个，即

$$x_{1,2}=\frac{-b\pm\sqrt{b^2-4ac}}{2a}$$

使用公式编辑器编辑的公式

如果 x_2 是它的根，那么用 x_2 代入 $f(x)$ 中，其值必定为 0。我们知道：$f(x)=y=ax^2+bx+c$ 的图线是一条二次曲线。

图 3-47　图文 1.DOC 的内容

（2）在 Word 文档中输入排版效果如图 3-48 所示的内容，保存为"图文 2.DOC"。

① 用艺术字作为标题。

② 插入图形或图片，实现文章的图文混排效果。

③ 首字下沉。

④ 添加水印效果。

⑤ 为文字加边框。

⑥ 设置页眉与页脚。

⑦ 利用文本框制作小标题。

图 3-48　图文 2.DOC 的内容

（3）在 Word 文档中输入排版效果如图 3-49 所示的内容，保存为"图文 3.DOC"。

① 用艺术字作为标题。

② 插入图形或图片，实现文章的图文混排效果。

③ 利用文本框制作小标题。

④ 添加水印效果。

⑤ 为文字加边框。

⑥ 设置页眉与页脚。

图 3-49　图文 3.DOC 的内容

（4）在 Word 文档中输入排版效果如图 3-50 所示的内容，保存为"图文 4.DOC"。

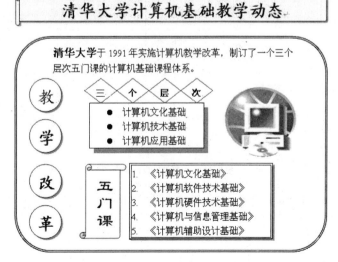

图 3-50　图文 4.DOC 的内容

【操作步骤】

对于图形与文字的混合排版要用到以下内容。

① 使用绘制图形对象。

② 使用图形对象的组合与图形对象间的层次关系。

③ 文本框的应用。

④ 插入图片。

⑤ 项目符号与编号的使用。

实验 5　Word 综合操作

一、实验目的

1. 掌握创建模板的方法。

2. 掌握利用新建模板创建文档的方法。

3. 掌握利用创建的样式进行排版的方法。

二、实验准备

在某个磁盘（如 D:\）下创建自己的文件夹。

三、实验内容及步骤

【内容 1】利用创建的模板创建文档

要求：

（1）在 Word 中录入图 3-51 所示的内容，并保存模板文件为"模板 1.DOT"。

XX 分公司销售报告（XX 年）								
地区 \ 季度		一季度		二季度		三季度		四季度
北京								
上海								
江苏								
长沙								
香港								
深圳								

填表人签字：　　　　　　　　填表时间：

单位公章：

图 3-51　模板 1.DOT 的内容

（2）在 Word 中打开"模板 1.DOT"，并录入相应的内容，效果如图 3-52 所示，保存为"文件 1.DOC"。

地区 \ 季度	一季度			二季度			三季度			四季度		
北京	123	234	200	123	134	200	123	129	200	123	211	200
上海	126	234	205	126	234	205	126	234	205	126	234	205
江苏	163	244	210	163	244	210	163	244	210	163	244	210
长沙	78	123	212	78	123	212	78	123	212	78	123	212
香港	167	333	111	167	333	111	167	333	111	167	333	111
深圳	150	223	321	150	223	321	150	223	321	150	223	321

蓝天分公司销售报告（1998 年）

填表人签字：张三　　　　　　　　　填表时间：2010.5.30

单位公章：蓝天

图 3-52　文件 1.DOC 的内容

【操作步骤】

（1）选择"文件"菜单中的"新建"命令，在"常用"标签上选取"空文档"模板后，输入图 3-51 所示的内容。

（2）选择"文件"菜单中的"另存为"命令，在"另存为"对话框中为新模板命名为"模板1.DOT"。

（3）选择"文件"菜单中的"新建"命令，在"常用"标签上选取"模板 1"后，输入图 3-52 中的相应内容。

（4）内容输入完成后，单击"保存"按钮并关闭文件即可。

【内容 2】利用创建的样式进行格式排版

要求：

（1）在 Word 中录入图 3-53 所示的内容（不包括外边框），保存为"文件 2.DOC"。

Internet 应用

在 Internet 上储存着巨大的动态信息资源，为了方便用户查询所需信息，目前已出现了许多交互式的查询软件，它们大都采用客户机/服务器方式。

但是当前在 Internet 上最为流行的信息查询服务就是"环球网"（World Wide Web），简称 WWW。WWW 是一个基于"超文本"（Hypertext）方式的信息查询工具，它将位于全世界 Internet 网上不同地点的相关信息有机地编制在一起，并为用户提供一种友好的、强有力的查询界面。WWW似乎把 Internet 网络变成了一个巨大的磁盘驱动器，只要操纵计算机的鼠标器，你就可以通过Internet 从世界各地调来你所希望得到的信息，至于这些信息储存在哪里以及如何查询，则由WWW 自动完成。

图 3-53　文件 2.DOC 的内容

（2）创建一种字符样式"样式 1"，内容为：字体为"隶书"，字号为"3 号"并加粗，字体颜色为蓝色，字符间距加宽。

（3）创建一种段落样式"样式 2"，内容为：字体为"楷体"，字号为"小四"，首行缩进 0.75cm，段落的对齐方式是左对齐，为段落加上边框和底纹效果。

（4）应用所创建的字符样式"样式 1"修饰文章的标题，然后利用工具栏上的按钮使它居中对齐。

（5）应用所创建的段落样式"样式 2"修饰文章中的第一、第三自然段。

排版后的最终效果如图 3-54 所示。

Internet 应用

> 在 Internet 上储存着巨大的动态信息资源，为了方便用户查询所需信息，目前已出现了许多交互式的查询软件，它们大都采用客户机/服务器方式。

但是当前在 Internet 上最为流行的信息查询服务就是"环球网"（World Wide Web），简称 WWW。

> WWW 是一个基于"超文本"（Hypertext）方式的信息查询工具，它将位于全世界 Internet 网上不同地点的相关信息有机地编制在一起，并为用户提供一种友好的、强有力的查询界面。WWW 似乎把 Internet 网络变成了一个巨大的磁盘驱动器，只要操纵计算机的鼠标器，你就可以通过 Internet 从世界各地调来你所希望得到的信息，至于这些信息储存在哪里以及如何查询，则由 WWW 自动完成。

图 3-54　应用样式后的文件 2.DOC

【内容 3】Word 综合练习 1

要求：

（1）制作图 3-55 所示的课程表，命名为"文件 3.DOC"。

① 绘制斜线表头。

② 表格中的文字水平和垂直方向居中。

③ 第一行、第一列的底纹为黄色，其他单元格的底纹颜色为宝石蓝。

④ 外边框及第一行、第一列的边框宽度为 2.25 磅。

课程 \ 星期 节	星期一	星期二	星期三	星期四	星期五
1–2 节	数学	体育	语文	英语	化学
3–4 节	语文	数学	英语	语文	物理
5–6 节	英语	语文	数学	物理	数学
7–8 节	化学	物理 理论 实验	化学	自习	

图 3-55　文件 3.DOC 的内容

（2）制作图 3-56 所示的文档（不包括外边框），命名为"文件 4.DOC"。

> 全国首届计算机操作、应用、维修有奖征文启事
>
> 宣传部
>
> 为了普及计算机技术、推广计算机应用、纪念世界第一台计算机诞生 60 周年和我国计算机产业发展 50 周年、迎接全社会各行业学习计算机的热潮，我们决定组织计算机操作、编程、应用、维修有奖征文活动。

图 3-56　文件 4.DOC 的内容

① 在文档中插入剪贴画。

② 复制正文（"为了……活动"），使文档有 4 个段落。

③ 把最后一段的最后一句删除。

④ 将"宣传部"文本移到最后。

⑤ 把文中的"计算机"替换成"电脑"。

⑥ 把标题字体设定为宋体，字号为二号字，字形设置为加粗，颜色为蓝色，字体效果为阴影文字，加下划线，对齐方式为居中；字体效果为礼花绽放。

⑦ 正文第 1 段首字下沉，下沉行数为 2。

⑧ 正文第 2 段首行缩进 2 个字符，两倍行距，分为 3 栏，加入分隔线。

⑨ 对正文第 3 段加边框与底纹，边框类型为实线方框，颜色为蓝色，底纹为紫色；正文第 4 段悬挂缩进 5 个字符，段前间距为 1 行，段后间距为 2 行。

⑩ 设置"全国首届计算机操作"的字符间距为"加宽"、"8 磅"，缩放"150%"。

（3）制作图 3-57 所示的文档（不包括外边框），命名为"文件 5.DOC"。

1969 年 10 月，UCLA 计算机科学教授莱昂纳多· 克林洛克，发出世界上第一封电子邮件。
1972 年 3 月，洛伊· 汤林逊，电子邮件应用软件作者，首先选用"@"作为邮件地址的符号，他风趣地说："我是第一个编这类软件的人，所以我可以使用任何一个我喜欢的字符。"
1976 年 2 月，英女王伊丽莎白发出英国第一封电子邮件。

图 3-57　文件 5.DOC 的内容

① 插入一个自选图形"云形标注"，标注内容为"E-mail 大事录"。

② 插入一幅图片，设置为：衬于文字下方、冲蚀（即水印效果）。

③ 插入页眉："计算机基础练习"，插入页脚："第 3 章"及"页码"和"页数"；设置页眉距边界 3 厘米，页脚距边界 5 厘米。字体为"方正舒体"四号字、右对齐。页码居中。

④ 输入全角英文字符：Ｕｎｉｖｅｒｓｉｔｙ。输入半角英文字符：University。

【内容 4】Word 综合练习 2

要求：

（1）根据自己的喜好自拟一个感兴趣的题目，或从下列参考题目中任选其一，有创意地完成一篇两页以上的有思想性、艺术性的 Word 文档。

主要参考题目有：

① 产品说明；

② 产品广告；

③ 某企业的宣传报道；

④ 新闻；

⑤ 个人简历；

⑥ 自荐信。

（2）在上述主题 Word 文档中，按如下要求进行格式设置等操作。

① 将你所在的班级、学号和姓名写在页眉。

② 在页脚中设置页码和总页数。

③ 在文档中要有如下设置：

📖　分栏、首字下沉、首行缩进。

📖　插入一个与文档的中心思想相呼应的表格（自己进行边框和底纹的设置）、艺术字、图片（图片有各种版式、水印等效果）、文本框、自选图形。

📖　设置段落格式：行距、段前和段后间距、项目符号和编号等。

    📖 设置字符格式：字体、字号、字形、字符边框和底纹、字符加下划线、字符位置、字符间距、字符缩放、字符效果、上标、下标、文字方向等。

    📖 设置页面边框。

④ 进行页面设置。

    📖 纸型：B5 纸。

    📖 上、下、左、右页面边距分别是：2 厘米、2.5 厘米、2 厘米、2 厘米。

⑤ 保存文档的文件名为：班级学号姓名.doc。

⑥ 对文档进行预览并打印。

四、实验练习及要求

1. 在 Word 文档中录入以下文字内容，并按要求完成格式设置操作。

超越 Linux、Windows 之争

对于微软官员最近对 Linux 和开放源码运动的评价，以及对于 Linux、Windows 的许可证的统计，人们应该持一个怀疑的态度。

微软对 Linux 和开放源码运动的异议的中心论点是：软件的免费将威胁到传统软件制造商的收入。然而，Linux 不大可能剥夺 Windows 或 Unix 在几乎所有的商业公司的所有的桌面和服务器的位置。

同时，微软可以利用开放源码运动的概念发布源代码，让第三方来修改错误并做微小的修正，由微软选择最好的补丁，并更新合适的核心代码。微软可以维持对软件的控制并产生收入。

关于市场份额的统计，很难对 Windows 和 Linux 做出公平的比较。Windows 许可证不是免费的，经常是系统包的一部分。Linux 则可以免费下载，由于下载不一定意味着用于生产，它就难于反映在统计数据中。

Windows 和 Unix 的高端版本在商业环境中占据主要的位置。而 Linux 经由嵌入式系统也得以打入了许多商业环境。

要求：

（1）将标题设置为三号、黄色、加粗、加单下划线，居中并添加文字蓝色底纹，其中的英文文字设置为 Arial Black 字体，中文文字设置为黑体，段后间距设置为 1 行。

（2）将正文各段文字设置为五号、楷体_GB2312（其中英文字体设置为"使用中文字体"），首行缩进 1.5 字符，段前间距 0.5 行。

（3）第一段首字下沉，下沉行数为 2，距正文 0.2 厘米。

（4）第二段左右各缩进 2 字符，行距为 2 倍行距。

（5）将正文第三段分为等宽的两栏，栏宽为 18 字符。

2. 在 Word 文档中制作如下表格，并按要求完成修改表格的操作。

要求：

（1）将表格中所有单元格的垂直对齐方式设置为居中，水平对齐方式设置为左对齐。

（2）在总分前插入列，标题为"英语"，并输入英语成绩（自拟）。

（3）将"总分"单元格设置成蓝色底纹填充。

（4）将表格设置为列宽 3.2 厘米，行高自动设置；表格边框线为实线 1.5 磅，表内线为实线 1 磅。

学生成绩表

姓名	语文	数学	总分
王松	85	90	175
朱小欧	87	92	179
孙健	90	95	185
欧阳小辉	79	94	183

3. 新建 Word 文档，插入一个 5 行 6 列的表格，然后按如下样式修改表格。

4. 在 Word 文档中按照要求制作如图 3-58 所示的"庆祝教师节"贺卡（或根据自己的创意制作）。

要求：

（1）贺卡标题"庆祝教师节"为艺术字。

（2）贺卡内容：世界因为有你，显得分外美丽！

　　　　　　一个小小的问候

　　　　　　一份浓浓的真意

　　　　　　祝教师节日快乐！

（3）贺卡文字内容的字体、颜色，段落的格式等可以自己创意排版。

（4）贺卡中插入一幅图片，设置"环绕方式"为"衬于文字下方"，"图像控制"的"颜色"项为"冲蚀"效果。

图 3-58　贺卡样图

第4章
电子表格 Excel

本章实验基本要求

- 熟练掌握工作表的创建和格式化。
- 熟练掌握快速录入数据的方法。
- 熟练掌握使用公式和常用函数进行数据统计的计算方法。
- 熟练掌握排序、筛选和分类汇总等数据管理方法。
- 掌握数据图表的应用。
- 掌握工作表的版面设置和打印方法。

实验1 工作簿和工作表的基本操作与数据输入

一、实验目的

1. 熟练掌握工作簿的新建、打开、保存、另存为和关闭等操作。
2. 熟练掌握工作表的新建、复制、移动、删除和重命名等操作。
3. 熟练掌握快速输入数据的方法。

二、实验准备

1. 观察 Excel 程序的窗口组成，并与 Word 程序的窗口相比较，区别两者的异同点。

2. 理解 Excel 的基本概念：工作簿、工作表、单元格、名称框、编辑栏、行号和列标。

3. 在某个磁盘（如 E:\）下创建自己的文件夹，命名为"班级_学号_姓名_电子表格"，用于存放本实验的工作簿。

三、实验内容及步骤

在 Excel 中很多操作方法与 Word 操作方法很相似，例如 Excel 的启动、退出；新建文件、打开文件、保存文件；在编辑工作表时，查找数据，复制和粘贴数据；窗口菜单、工具按钮及快捷键的使用等。

【内容 1】创建工作簿与输入不同类型数据

要求：

（1）创建一个“新生报到登记簿.xls”工作簿。该工作簿包含 5 张工作表：“信息学院登记表”、“工商学院登记表”、“机械学院登记表”、“各学院数据汇总表”和“汇总表备份”。

（2）按照图 4-1 所示输入“信息学院登记表”的内容。其他学院的数据学生自己填写。

（3）将各学院的数据复制到“各学院数据汇总表”中，并将此表另作备份为“汇总表备份”。

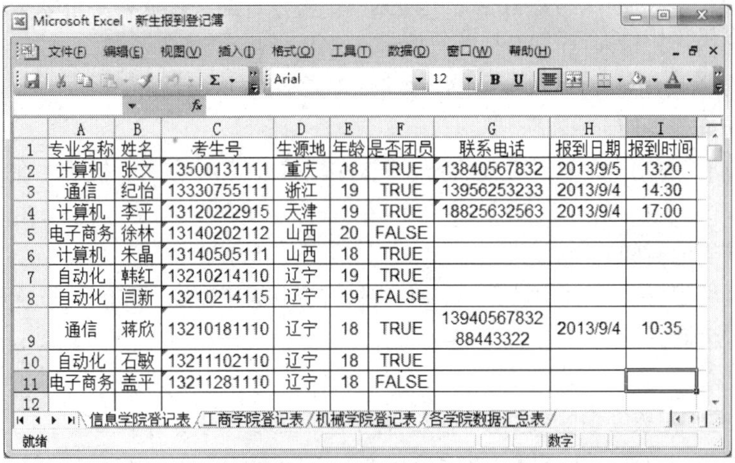

专业名称	姓名	考生号	生源地	年龄	是否团员	联系电话	报到日期	报到时间
计算机	张文	13500131111	重庆	18	TRUE	13840567832	2013/9/5	13:20
通信	纪怡	13330755111	浙江	19	TRUE	13956253233	2013/9/4	14:30
计算机	李平	13120222915	天津	19	TRUE	18825632563	2013/9/4	17:00
电子商务	徐林	13140202112	山西	20	FALSE			
计算机	朱晶	13140505111	山西	18	TRUE			
自动化	韩红	13210214110	辽宁	19	TRUE			
自动化	闫新	13210214115	辽宁	19	FALSE			
通信	蒋欣	13210181110	辽宁	18	TRUE	13940567832 88443322	2013/9/4	10:35
自动化	石敏	13211102110	辽宁	18	TRUE			
电子商务	盖平	13211281110	辽宁	18	FALSE			

图 4-1　“新生报到登记簿”中的“信息学院登记表”

【操作步骤】

（1）新建 Excel 工作簿。

启动 Excel，系统自动创建一个名为“book1”的新工作簿，一般默认包含 3 个工作表，分别为“Sheet1”、“Sheet2”和“Sheet3”。

（2）保存工作簿。

① 选择“文件”菜单→“保存”命令，打开“另存为”对话框。

② 在“保存位置”下拉列表中选择自己的文件夹，在“文件名”文本框中输入“新生报到登记簿”，单击“保存”按钮。

（3）插入和删除工作表。

选择“插入”菜单→“工作表”命令，插入新工作表。反复使用该命令，可以插入多张工作表。

选择不需要的工作表，选择“编辑”菜单→“删除工作表”命令，可以删除当前工作表。

（4）重命名工作表。

以下分别用 3 种方法完成工作表的重命名操作。

方法 1：双击“Sheet1”工作表标签，输入“信息学院登记表”，然后按回车键。

方法 2：右键单击“Sheet2”工作表标签，在弹出的快捷菜单中单击“重命名”命令，输入“工商学院登记表”。

方法 3：单击“Sheet3”工作表标签，选中“Sheet3”表，选择“格式”菜单→“工作表”→“重命名”命令，输入“机械学院登记表”。

用类似方法建立“各学院数据汇总表”。

（5）输入数据。

单击"信息学院登记表"标签，按照图 4-1 所示输入数据。其中"专业名称"、"姓名"、"生源地"列是文本类型的数据；"年龄"列是数值型数据；"是否团员"列是逻辑型数据；以上各列数据可以直接输入。

输入数据时，特殊操作如下。

① 将数字数据作为文本数据输入。

在输入 C 列、G 列数据时，要先输入一个半角单引号"'"，使数据作为文本型数据输入。否则，直接输入的数字系统默认为数值型，当列宽不足时，自动转化成科学记数法形式显示。

② 在单元格内换行输入。

在 G9 单元格需使用"Alt+Enter"组合键实现单元格内的换行输入。

③ 输入系统当前日期。

在"报到日期"列按"Ctrl+；"组合键（同时按下 Ctrl 和分号两个键），在单元格中输入系统当前日期。

④ 输入系统当前时间。

在"报到时间"列按"Ctrl+Shift+；"组合键（同时按下 Ctrl、Shift 和分号 3 个键），在单元格中输入系统当前时间。

（6）复制数据。

将"信息学院登记表"中的数据复制到"各学院汇总表"中，操作如下。

① 选择被复制的数据：在"信息学院登记表"中先选定区域 A1:I11。

② 复制：单击常用工具栏上的"复制"按钮（或按"Ctrl+C"组合键，或选择"编辑"菜单→"复制"命令）。

③ 粘贴到目标位置：单击"各学院数据汇总表"标签，选择粘贴区域左上角的单元格，然后再单击常用工具栏上"粘贴"按钮（或按"Ctrl+V"组合键，或选择"编辑"菜单→"粘贴"命令）即可。

用类似操作方法将其他学院的数据复制到"各学院数据汇总表"中。

（7）复制工作表。

复制"各学院数据汇总表"的操作如下。

① 右键单击"各学院数据汇总表"标签，在快捷菜单中选择"移动或复制工作表"，在"移动或复制工作表"对话框中选择"建立副本"复选框，确定新工作表的位置，如图 4-2 所示，单击"确定"按钮。

图 4-2 "移动或复制工作表"对话框

② 在"各学院数据汇总表"后增加了一个名为"各学院数据汇总表（2）"的工作表，将其重命名为"汇总表备份"。

③ 保存"新生报到登记簿"。

【内容 2】快速填充有规律的数据

要求：

（1）新建一个工作簿，按照图 4-3 所示输入"初始数据"表中的数据。

	A	B	C	D	E	F	G	H	I	J	K	L	M	N	O
1	1	1	2	2	2013-1-1		北京	007	第10章		甲	Jan	星期一		数学
2			6												
3															
4															

◄ ► ►| \初始数据 /使用填充柄快速填充数据结果 \课程表 /

图 4-3　"初始数据"工作表的内容

（2）使用填充柄快速填充数据，如图 4-4 所示。

	A	B	C	D	E	F	G	H	I	J	K	L	M	N	O
1	1	1	2	2	2013-1-1		北京	007	第10章		甲	Jan	星期一		数学
2	1	2	6	4	2013-1-2		北京	008	第11章		乙	Feb	星期二		物理
3	1	3	10	8	2013-1-3		北京	009	第12章		丙	Mar	星期三		化学
4	1	4	14	16	2013-1-4		北京	010	第13章		丁	Apr	星期四		生物
5	1	5	18	32	2013-1-5		北京	011	第14章		戊	May	星期五		地理
6	1	6	22	64	2013-1-6		北京	012	第15章		己	Jun	星期六		政治
7	1	7	26	128	2013-1-7		北京	013	第16章		庚	Jul	星期日		数学
8	1	8	30	256	2013-1-8		北京	014	第17章		辛	Aug	星期一		物理
9	1	9	34	512	2013-1-9		北京	015	第18章		壬	Sep	星期二		化学
10	1	10	38	1024	2013-1-10		北京	016	第19章		癸	Oct	星期三		生物
11	1	11	42	2048	2013-1-11		北京	017	第20章		甲	Nov	星期四		地理
12	1	12	46	4096	2013-1-12		北京	018	第21章		乙	Dec	星期五		政治
13	1	13	50	8192	2013-1-13		北京	019	第22章		丙	Jan	星期六		数学
14	1	14	54	16384	2013-1-14		北京	020	第23章		丁	Feb	星期日		物理
15	1	15	58	32768	2013-1-15		北京	021	第24章		戊	Mar	星期一		化学
	数值类型的数据						文本类型的数据				系统默认自定义序列		用户自定义序列		

图 4-4　"使用填充柄快速填充数据结果"工作表的内容

（3）快速建立"课程表"，如图 4-5 所示。

	A	B	C	D	E	F
1		星期一	星期二	星期三	星期四	星期五
2	第1节	数学	英语	自然	数学	语文
3	第2节	语文	数学	语文	语文	英语
4	第3节	美术	语文	数学	英语	数学
5	第4节	书法	自然	语文	自习	音乐
6	第5节	自习	自习	体育	体育	自习
7	第6节	英语	体育	自习	自习	卫生

图 4-5　"课程表"的内容

【操作步骤】

（1）新建 Excel 工作簿。

（2）利用填充柄快速填充数据。

选中某单元格或区域，将鼠标指针移动到单元格或区域的右下角，当鼠标指针由空心"✛"形状变成实心"✚"形状时，拖曳鼠标。此时的"✚"称为填充柄。

通过下面的操作，要理解对不同的初始数据拖曳填充柄，会得到不同的结果。

① A 列数据全是 1。选中 A1 单元格，拖曳填充柄到 A15，松开鼠标得到一系列 1，这个操作本质上是"复制数据"。

② B 列数据是按数值 1 增值的序列。选中 B1 单元格，拖曳填充柄到 B15 的同时按住 Ctrl 键，得到按 1 增值的序列：1、2、3、…、15。

③ C 列数据是等差数列。选中 C1:C2 区域，拖曳填充柄到 C15 松开鼠标，将得到按 C2 与 C1 单元格的值之差为等差的等差数列：2、6、10、14、…。

④ E 列数据是日期型数据。选中 E1 单元格，拖曳填充柄到 E15，松开鼠标即可。

⑤ G 列数据为内容相同的文本数据。选中 G1 单元格，拖曳填充柄到 G15，松开鼠标。

⑥ H 列和 I 列数据是包含数字的文本型数据。选中起始单元格 H1 或 I1，拖曳填充柄向下到 H15 或 I15 单元格，松开鼠标完成填充。

⑦ K 列、L 列和 M 列为系统默认的自定义序列，选中区域 K1:M1，拖曳填充柄到 15 行，松开鼠标。

查看系统默认自定义系列方法：选择"工具"菜单→"选项"命令，选择"自定义序列"选项卡，如图 4-6 所示。

图 4-6 "选项"对话框中的"自定义序列"选项卡

在系统"自定义序列"中除了我们练习的序列，还有其他的序列，请自己练习。

（3）设置用户自定义序列。

选择"工具"菜单→"选项"命令，选择"自定义序列"选项卡，在"自定义序列"列表框中选择"新序列"，在"输入序列"列表框中输入用户要定义序列的内容，单击"添加"按钮，即可完成用户自定义序列，如图 4-7 所示。

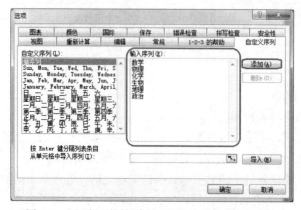

图 4-7 "选项"对话框中的"用户自定义序列"操作

也可以从工作表的单元格区域中导入序列。在"从单元格导入序列"列表框中输入需要导入数据的区域，单击"导入"按钮，再单击"确定"按钮。

O 列为用户定义序列，先自定义序列后，再使用填充柄填充。

（4）使用自动填充序列的方法快速填充数据。

D 列数据为等比数列。选中区域 D1:D15，再选择"编辑"菜单→"填充"→"序列"命令，在"序列"对话框中按图 4-8 所示进行设置：设置"序列产生在列"、"等比序列类型"、"步长值为 2"，单击"确定"按钮，系统填充以 2 为比值的等比数列：2、4、8、16、…。

图 4-8　在"序列"对话框中设置步长为 2 的等比序列

（5）在多个单元格中输入相同的数据。

以图 4-5 为例，需要在 B2、C3、D4、E2、F4 等单元格输入相同数据"数学"，操作如下：

① 按住 Ctrl 键，依次单击选中 B2、C3、D4、E2、F4 单元格。

② 输入"数学"，再按组合键"Ctrl+Enter"，那么在选中的单元格中会同时出现"数学"，如图 4-9 所示。

请用上述快速输入数据的方法完成"课程表"的设计，保存后关闭工作簿。

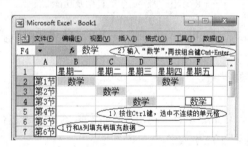

图 4-9　制作"课程表"，多个单元格输入相同的数据

实验 2　设置工作表的格式

一、实验目的

1. 熟练掌握设置数据格式的方法。
2. 掌握 Excel 工作表的美化（格式化）方法。

二、实验准备

1. 在某个磁盘（如 E:\）下创建自己的文件夹，命名为"班级_学号_姓名_电子表格"，用于存放练习文件。

2．将光盘的"实验 2-1.xls"、"实验 2-2.xls"、"实验 2-3.xls"文件复制到自己的文件夹中。

三、实验内容及步骤

【知识点链接】

Excel 工作表的格式化包括：

（1）设置工作表中单元格数据的字体、字色、字型、字号（磅）。

（2）设置数字的货币样式、百分比样式、小数位、千位分隔样式等。

（3）设置数据的水平方向对齐、垂直方向对齐、合并居中，以及单元格内换行。

（4）设置单元格或区域的边框和图案（填充色）。

（5）设置行高与列宽。

（6）设置工作表的自动套用格式。

（7）设置条件格式。

对工作表格式设置的基本方法是选中要设置的区域，执行"格式"菜单→"单元格"命令，根据需要在"单元格格式"对话框的各个选项卡中进行设置。也可以通过"格式"工具栏中如图 4-10 所示的"格式"按钮进行一些常用的格式设置。

图 4-10 "格式"工具栏及功能

此外，还可以通过"格式"菜单→"条件格式"、"自动套用格式"及"样式"等命令进行较高要求的格式设置。

【内容 1】设置数字型数据格式

要求：

对工作簿"实验 2-1.xls"中如图 4-11 所示的"商品零售统计"表进行如下设置：

（1）设置"零售价"保留 2 位小数。

（2）设置"销售额"、"利润"为货币格式；"销售额"大于或等于 3000 的红色底纹显示。

（3）设置"各利润所占比例"为百分比格式，保留 1 位小数。

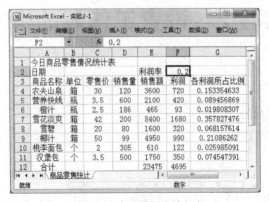

图 4-11 "商品零售统计"表

【操作步骤】

（1）设置"零售价"保留 2 位小数：选择区域 C4:C11，执行"格式"菜单→"单元格"命令，选择"数字"选项卡，在分类列表中选择"数值"，设小数位为 2 位，如图 4-12 所示，单击"确定"按钮。

图 4-12 在"单元格格式"对话框中设置小数位 2 位

（2）设置"销售额"、"利润"为货币样式：选择 E4:F11 区域，单击"货币样式"按钮 。

设置"销售额"大于或等于 3000 的红色底纹：选中 E4:E11 区域，执行"格式"菜单→"条件格式"命令，弹出"条件格式"对话框，单击"格式"按钮，设置红色，按如图 4-13 所示进行设置。

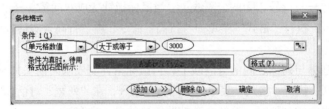

图 4-13 在"条件格式"对话框中设置数值大于等于 3000 的为红色底纹

单击"添加"按钮，还可以添加其他条件格式；单击"删除"按钮，可以删除条件格式。

（3）设置"各利润所占比例"为百分比格式，保留 1 位小数：选择 G4:G11 区域，单击"百分比样式"按钮 ，再单击"增加小数位"按钮 。

"商品零售统计"表最终结果如图 4-14 所示，保存工作簿。

	A	B	C	D	E	F	G
1				今日商品零售情况统计表			
2	日期		2012/8/28 16:04	利润率		0.2	
3	商品名称	单位	零售价	销售量	销售额	利润	各利润所占比例
4	农夫山泉	箱	30.00	120	￥ 3,600.00	￥ 720.00	15.3%
5	营养快线	瓶	3.50	600	￥ 2,100.00	￥ 420.00	8.9%
6	橙汁	瓶	2.50	186	￥ 465.00	￥ 93.00	2.0%
7	雪花淡爽	箱	42.00	200	￥ 8,400.00	￥ 1,680.00	35.8%
8	雪碧	箱	20.00	80	￥ 1,600.00	￥ 320.00	6.8%
9	椰汁	箱	50.00	99	￥ 4,950.00	￥ 990.00	21.1%
10	桃李面包	个	2.00	305	￥ 610.00	￥ 122.00	2.6%
11	汉堡包	个	3.50	500	￥ 1,750.00	￥ 350.00	7.5%
12			合计			￥ 4,695.00	

图 4-14 "商品零售统计"表格式设置结果

【内容 2】工作表基本格式设置

要求：

格式化"实验 2-2.xls"工作簿中的如图 4-15 所示的"教材销售"表。

图 4-15 "教材销售"工作表初表

（1）表标题采用隶书、18 磅；在"育才教材发行中心"之后换行；将标题在表格上方居中。

（2）将表头（第 2 行的日期、教材、地区、销售额）采用浅黄色底纹，并用图案 6.25%灰色显示。

（3）表格外部边框设置为蓝色双线样式；内框线设置为绿色细实线样式。

（4）"日期"列数据采用全汉字格式；"销售额"采用货币格式。

（5）表格中的数据全部水平居中且垂直居中。

（6）使用条件格式设置"英语课本"红色显示，"北京"地区绿色显示。

【操作步骤】

（1）打开"实验 2-2.xls"工作簿，选择"教材销售"表。

（2）调整行高和列宽。

将鼠标放置在行号与行号之间的分隔线上，当鼠标指针变成双向箭头➕时，拖曳鼠标即可调整行高；也可选中行，执行"格式"菜单→"行高"命令，在"行高"对话框中输入适当的数值，单击"确定"按钮。

将鼠标放置在列标与列标之间的分隔线上，当鼠标指针变成双向箭头➕时，拖曳鼠标即可调整列宽；也可选中列，执行"格式"菜单→"列宽"命令，在"列宽"对话框中输入适当的数值；或双击列标与列标之间的分隔线，系统自动按照需要的最小列宽显示。

（3）设置表标题。

选中 A1:D1 区域，单击"合并及居中"按钮，合并 A1:D1 区域；将光标放置在"育才教材发行中心"之后，按"Alt+Enter"组合键，将标题换行显示；设置标题的字体和字号。

（4）设置表头。

选中 A2:D2 区域，执行"格式"菜单→"单元格"命令，打开"单元格格式"对话框，选择"图案"选项卡，按照图 4-16 画圈处所示设置填充色和底纹图案。

图 4-16 在"图案"选项卡中设置单元格的底纹

（5）设置表格边框。

选中 A2:D18 区域，打开"单元格格式"对话框，单击"边框"选项卡，如图 4-17 所示。首先选择线条的样式（双线）和颜色（蓝色），再单击"预置"下的"外边框"按钮⊞设置表格的外边框（或单击▦、▤、▥、⊡按钮）；重新选择线条样式（细实线）和颜色（绿色），再单击"预置"下的"内部"按钮⊞（或单击⊟、⊞按钮）设置表格的内部框线。

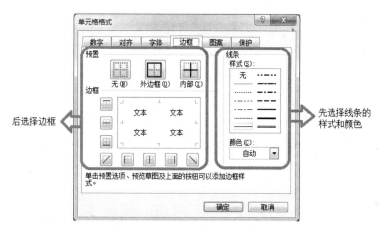

图 4-17　在"边框"选项卡中设置表格边框

（6）设置"日期"列数据采用全部汉字格式。

选中 A 列，打开"单元格格式"对话框，单击"数字"选项卡，按如图 4-18 所示设置。

图 4-18　在"数字"选项卡中设置日期格式

（7）设置表格中的数据全部水平居中且垂直居中。

选中 A2:D18 区域，打开"单元格格式"对话框，单击"对齐"选项卡，在水平对齐和垂直对齐处都选"居中"，如图 4-19 所示，单击"确定"按钮。

（8）设置"英语课本"红色显示和"北京"地区绿色显示。

选中 B3:C18 区域，执行"格式"菜单→"条件格式"命令，打开"条件格式"对话框，在"条件 1"中选择单元格数值"等于"，单击"折叠"按钮，选中一个"英语课本"单元格，然后再单击按钮，展开"条件格式"对话框，单击"格式"按钮，设置红色字色；单击"添加"按钮，用类似的方式设置条件 2，参照图 4-20 设置，单击"确定"按钮。

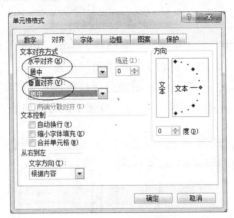

图 4-19 在"对齐"选项卡中设置对齐方式

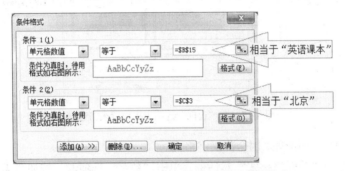

图 4-20 在"条件格式"对话框中设置条件格式

选中"销售额"列,单击"货币样式"按钮。最后结果如图 4-21 所示,保存文件。

	A	B	C	D
1	育才教材发行中心			
	教材销售统计			
2	日期	教材	地区	销售额(¥)
3	二〇一三年八月一日	语文课本	北京	¥ 180,000.00
4	二〇一三年八月一日	语文课本	武汉	¥ 210,000.00
5	二〇一三年八月一日	语文课本	南京	¥ 160,000.00
6	二〇一三年八月一日	数学课本	武汉	¥ 100,000.00
7	二〇一三年八月一日	数学课本	长沙	¥ 80,000.00
8	二〇一三年八月一日	英语课本	北京	¥ 150,000.00
9	二〇一三年八月二日	语文课本	长沙	¥ 100,000.00
10	二〇一三年八月二日	语文课本	南京	¥ 70,000.00
11	二〇一三年八月二日	英语课本	北京	¥ 100,000.00
12	二〇一三年八月二日	数学课本	南京	¥ 190,000.00
13	二〇一三年八月二日	数学课本	武汉	¥ 150,000.00
14	二〇一三年八月三日	语文课本	北京	¥ 220,000.00
15	二〇一三年八月三日	英语课本	长沙	¥ 180,000.00
16	二〇一三年八月三日	英语课本	北京	¥ 100,000.00
17	二〇一三年八月三日	英语课本	武汉	¥ 160,000.00
18	二〇一三年八月三日	数学课本	南京	¥ 290,000.00

图 4-21 "教材销售"表格式设置结果

另外,如果要取消设置或清除格式,可选中区域,选择"编辑"菜单→"清除"→"格式"命令即可。

【内容 3】使用"自动套用格式"美化表格

要求:

使用"自动套用格式"格式化"实验 2-3.xls"工作簿中的"工资表",如图 4-22 所示。

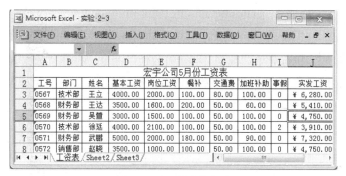

图 4-22 "工资表"初表

【操作步骤】

（1）在"实验 2-3.xls"工作簿中单击"工资表"标签。

（2）选中 A2:J20 区域，执行"格式"菜单→"自动套用格式"命令，弹出"自动套用格式"对话框，如图 4-23 所示，选择所需的样式。保存文件后退出。

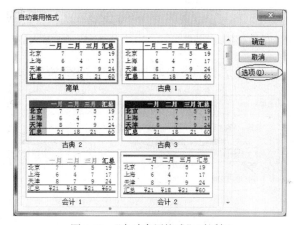

图 4-23 "自动套用格式"对话框

（3）单击"选项"按钮，还可以修改"要应用的格式"，包括：数字、字体、对齐、边框、图案、列宽和行高等。

【内容 4】创建英语成绩表

图 4-24 英语成绩单初表

要求：

（1）设置"英语成绩"列的数据有效性为：输入的数值在 0 到 100 之间。

（2）当前单元格在 C 列时，显示输入信息"成绩值必须在 0~100。"，并且标题为"输入提示："。

（3）当输入的数据不符合条件 0~100 时，弹出"出错警告"对话框，显示"数据输入错误，请输入成绩在 0 ~ 100 之间。"

【操作步骤】

（1）选择成绩区域，执行菜单"数据"→"有效性"命令，打开"数据有效性"对话框，选择"设置"选项卡，按照图 4-25 所示设置数据的有效性。

（2）选择"输入信息"选项卡，按照图 4-26 所示设置"输入信息"。

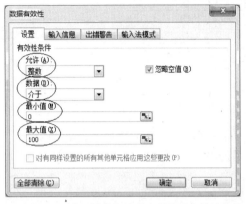

图 4-25 在"设置"选项卡中设置有效性条件

图 4-26 在"输入信息"选项卡中设置输入信息

（3）选择"出错警告"选项卡，按照图 4-27 所示设置"出错警告"。

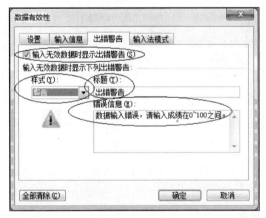

图 4-27 在"出错警告"选项卡中设置出错警告

当选中要输入成绩的单元格时，在单元格的右下方显示如图 4-28 所示的提示框。

当输入的数据不在 0 ~ 100 之间时，弹出"出错警告"对话框，如图 4-29 所示。

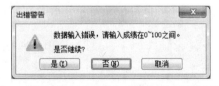

图 4-28 设置"数据有效性"后，输入信息显示　　图 4-29 设置"数据有效性"后弹出"出错警告"对话框

如果要删除数据有效性设置，在"数据有效性"对话框中单击"全部清除"按钮即可。

实验 3　打印工作表

一、实验目的

1. 掌握工作表版面设置、打印预览、打印工作表/工作簿方法。
2. 掌握页眉、页脚和页码设置的方法。

二、实验准备

1. 在某个磁盘（如 E:\）下创建自己的文件夹，命名为"班级_学号_姓名_电子表格"，用于存放练习文件。
2. 将光盘的"实验 3.xls"文件复制到自己的文件夹中。

三、实验内容及步骤

【内容】打印工作表

要求：

对"实验 3.xls"工作簿中的"工资表"按如下要求进行页面设计。

（1）设置打印表格的方向为"纵向"；纸张大小为 B5。

（2）设置上下左右页边距分别为：3 cm、2.5 cm、1.4 cm、1.4cm；水平方向居中。

（3）设置页眉左侧显示系统当前日期；中部显示"荣达有限公司"；页脚中部显示页码和总页数。

（4）设置工作表的前两行为除第一页外的顶端标题行。

（5）预览打印效果并打印。

【操作步骤】

（1）设置页面。

执行"文件"菜单→"页面设置"命令，在"页面设置"对话框中按照图 4-30 所示设置打印方向、纸张大小。

图 4-30　在"页面"选项卡中设置打印方向和纸张大小

（2）设置页边距。

选择"页边距"选项卡，按照图 4-31 所示设置页面边距、打印居中方式等。

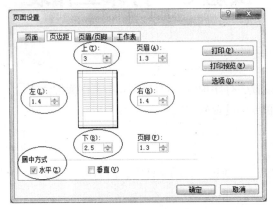

图 4-31　在"页边距"选项卡中设置页面边距

（3）设置页眉/页脚。

选择"页眉/页脚"选项卡，单击"自定义页眉"按钮，弹出"页眉"对话框，在该对话框的下部有左、中、右 3 个编辑框，将光标置于某一个编辑框内，可以输入页眉的内容；在"页眉"对话框的中部有若干个按钮，其功能如图 4-32 所示，单击相应的按钮，完成插入或进行设置。

图 4-32　"页眉"对话框

用类似的方法设置页脚。页眉页脚的设置如图 4-33 所示。

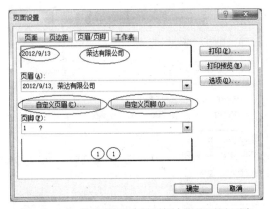

图 4-33　在"页面设置"对话框中设置页眉/页脚

（4）设置顶端标题。

单击"工作表"选项卡，单击"顶端标题行"文本框右侧的"折叠"按钮，折叠"页面设置"对话框，选择表中第一、第二行，然后单击按钮展开"页面设置"对话框，设置的内容如图 4-34 所示。

图 4-34　设置打印的顶端标题行

（5）打印预览。

单击常用工具栏中的"打印预览"按钮，进入打印预览窗口，如图 4-35 所示。

单击"设置"按钮，可以修改页面设置；单击"打印"按钮，可以进行打印；单击"关闭"按钮，回到编辑窗口。

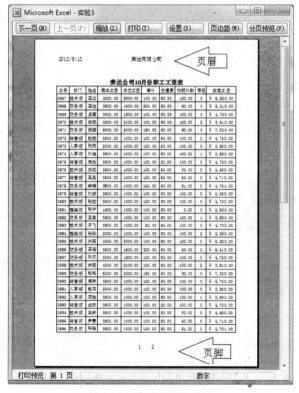

图 4-35　"打印预览"窗口

也可以设置打印区域。选中要打印部分所在的单元格区域，执行"文件"菜单→"打印区域"→"设置打印区域"命令。

实验 4　Excel 公式与常用函数的使用

一、实验目的

1. 熟练掌握使用公式计算工作表中的数据。
2. 熟练掌握 Excel 常用函数的使用。

二、实验准备

1. 在某个磁盘（如 E:\）下创建自己的文件夹，命名为"班级_学号_姓名_电子表格"，用于存放练习文件。

2. 将光盘的"实验 4-1.xls"、"实验 4-2.xls"、"实验 4-3.xls"文件复制到自己的文件夹中。

三、实验内容及步骤

【内容 1】在单元格中使用公式

要求：

对工作簿"实验 4-1.xls"中的校园十大歌手大赛"初赛"表用公式计算总得票数。

【操作步骤】

（1）打开"实验 4-1"工作簿，选择"初赛"工作表。

（2）计算总得票数。

在"初赛"工作表中选中 F3 单元格，输入"=C3+D3+E3"公式，如图 4-36 所示，按回车键或单击输入栏上的 ✓ 按钮，即可在 F3 中显示计算结果。再选中 F3 单元格，按住填充柄向下拖曳至 F102 单元格复制公式，完成"总得票数"的计算。

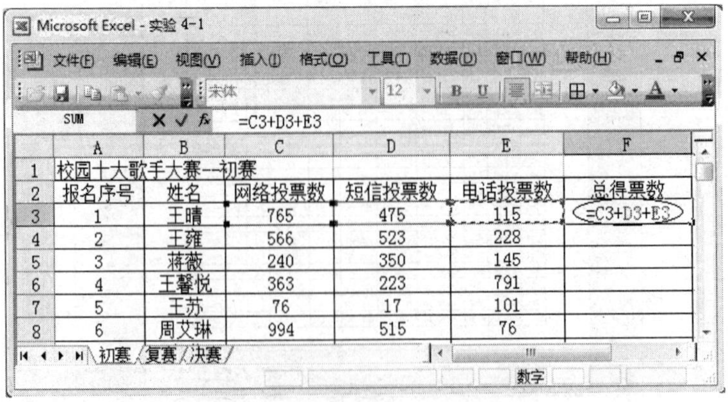

图 4-36　输入公式计算总得票数

（1）C3、D3、E3 地址的输入可以通过按键盘的方式，也可以通过单击相应的单元格得到。

（2）选中 F 列中任意单元格，查看该单元格中的公式是不是所希望的是其左边 3 个单元格数据之和。进一步理解：拖曳 F3 单元格的填充柄，实际上是在进行公式的复制，且公式中相对引用地址随着公式单元格的位置变化而相应地变化。

（3）公式中所有标点符号均使用半角符号。

【内容 2】绝对引用地址的使用

要求：

对工作簿"实验 4-1.xls"中的校园十大歌手大赛"复赛"表用公式计算综合成绩。其中演唱成绩、才艺展示成绩和听力演唱成绩分别占综合成绩的 70%、20% 和 10%。即：

综合成绩=演唱*演唱系数+才艺展示*才艺展示系数+听力演唱*听力演唱系数

【操作步骤】

（1）打开"实验 4-1"工作簿，选择"复赛"工作表。

（2）计算综合成绩。

选中 F4 单元格，输入公式"=C4*\$E\$2+D4*\$F\$2+E4*\$G\$2"，如图 4-37 所示，按回车键或单击 √ 按钮；选中 F4 单元格，向下拖曳填充柄至 F33 单元格，完成所有综合成绩的计算。

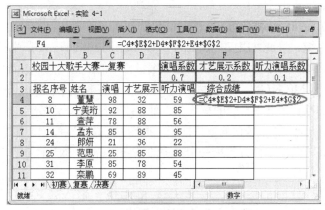

图 4-37 计算综合成绩

在公式"=C4*\$E\$2+D4*\$F\$2+E4*\$G\$2"中，单元格地址 C4、D4、E4 是"相对地址引用"，即当拖曳 F4 单元格的填充柄复制公式时，其公式中的相对地址总是其公式单元格左边的 3 个单元格，也就是说：计算某人的综合成绩使用的是此人的各项成绩。而 \$E\$2、\$F\$2、\$G\$2 是绝对地址引用，即当拖曳 F4 单元格的填充柄复制公式时，其公式中的绝对地址总是 \$E\$2、\$F\$2、\$G\$2。

【内容 3】函数的使用（一）

要求：

在工作簿"实验 4-1.xls"的如图 4-38 所示的"决赛"表中利用 Excel 函数进行统计计算。（表中共有 20 名参赛选手的数据，为了方便显示，将表中 11 ~ 20 行隐藏，隐藏显示不影响计算的结果。）

【知识点链接】

Excel 提供了 200 多个函数，方便用户对数据进行统计计算。函数的输入方法主要有 3 种：

- 单击工具栏中的"自动求和"按钮 $\boxed{\Sigma \cdot}$ 或"插入函数"按钮 fx。
- 使用"插入"菜单→"函数"命令。
- 直接输入带函数的公式。

本实验的重点是要掌握函数 SUM()、AVERAGE()、MAX()、MIN()、RANK()的使用。

报名序号	姓名	评委1	评委2	评委3	评委4	评委5	评委6	评委7	评委8	评委9	评委10	总分	平均分	去掉一个最高分和一个最低分，平均得分	最终名次
8	董慧	10	10	10	10	8	10	9	9	9	9				
10	宁美珩	9	7	7	7	9	8	9	6	9	7				
11	查萍	7	6	6	8	8	7	9	8	9	9				
14	孟东	10	7	7	10	9	9	10	7	8	9				
31	李原	7	8	7	7	9	7	7	7	8	7				
32	栾鹏	6	7	9	10	9	9	7	8	9	8				
36	冯佳琦	7	8	8	7	9	8	9	10	9	8				
46	石园洁	7	9	6	8	10	7	9	10	9	9				
88	卢培杰	10	9	7	9	9	10	8	8	8	6				
91	李灵灵	10	10	9	10	9	9	9	10	8	9				
平均分															
最高分															
最低分															

图 4-38 "决赛"初表

【操作步骤】

（1）利用自动求和按钮计算总分。

选择 M3:M22 区域，单击常用工具栏上的 $\boxed{\Sigma \cdot}$ 按钮，计算结果自动产生在 M3:M22 区域。

选中 M3:M22 区域中任意一个单元格，查看编辑栏上的公式。例如，选中 M8 单元格，在编辑栏中显示公式"=SUM(C8:L8)"，表示此单元格是求 C8:L8 区域中数据的和。

（2）计算评委们给每个选手打分的平均分、每个评委打分的平均分、最高分和最低分。

选择 N3 单元格，打开 $\boxed{\Sigma \cdot}$ 按钮的下拉列表，选择"平均值"命令，如图 4-39 所示。修改公式为"=AVERAGE(C3:L3)"，即计算第一个选手的平均分。选中 N3 单元格，拖曳填充柄到 N22，计算出每个选手的平均分。

计算每个评委打分的平均分：选中 C23 单元格，输入公式"=AVERAGE(C3:C22)"，拖曳 C23 单元格的填充柄到 L23。

计算每个评委打分的最高分：选中 C24 单元格，输入公式"=MAX(C3:C22)"，拖曳 C24 单元格的填充柄到 L24。

计算每个评委打分的最低分：选中 C25 单元格，输入公式"=MIN(C3:C22)"，拖曳 C25 单元格的填充柄到 L25。

图 4-39 自动求和按钮
的下拉列表

（3）直接输入带函数的公式。

计算去掉评委给选手打分的一个最高分和最低分之后的平均分：在 O3 单元格中输入公式"=(SUM(C3:L3)-MAX(C3:L3)-MIN(C3:L3))/8"。拖曳 O3 单元格的填充柄到 O22 单元格。

（4）使用插入函数的方法计算每个人的名次。

选中 P3 单元格，单击"插入函数"按钮 fx，在"插入函数"对话框中选择 RANK 函数，打开"函数参数"对话框，在"Number"文本框内输入单元格地址 O3（注意：3 前面的是字母 O，不是数字 0），光标移至"Ref"文本框内，输入区域$O$3: $O$22，如图 4-40 所示，单击"确定"按钮，完成第一行数据的排名计算；选中 P3 单元格，拖曳填充柄到 P22，完成公式的复制，计算出每个人的排名，保存文件。

图 4-40　"函数参数"对话框

（1）查看公式单元格 P3 中的公式"=RANK(O3,$O$3:$O$22)"是相对地址 O3 单元格中的数值在绝对区域$O$3:$O$22 中排名第几。试想如果不使用绝对区域，复制公式之后的结果会怎样？

（2）"Ref"文本框内的区域也可以通过以下方式输入：单击 按钮，折叠"函数参数"对话框，用鼠标选中区域 O3:O22；再单击 按钮，展开"函数参数"对话框，将光标放置在 O3 上，按 F4 功能键，切换至绝对引用地址$O$3；用同样的办法将相对引用地址 O22 也切换成绝对引用地址$O$22。

【内容 4】函数的使用（二）

要求：

在工作簿"实验 4-2.xls"的如图 4-41 所示的"程序设计考试成绩"表中利用 Excel 函数进行计算，统计总分、考试人数、及格率、各分数段人数，并给出是否及格的信息。为了方便显示，将表中若干行数据隐藏。

	A	B	C	D	E	F	G	H	I
1				《程序设计》试卷分析					
2	班级	学号	姓名	选择题满分10	完善程序题满分30	阅读程序题满分30	程序设计题满分30	总分	及格否
3	机械	A0344112	张晓林	10	25	26	27		
4	机械	A0444101	李淑媛	6	18	13	12		
53	英语	T0412214	王婧	6	21	11	29		
54	英语	T0412215	谢智群	10	19	25	20		
55									
56				考试人数					
57				及格人数					
58				及格率					
59				90-100人数					
60				80-89人数					
61				70-79人数					
62				60-69人数					
63				60分以下人数					

图 4-41　"程序设计考试成绩"表

【知识点链接】

本实验的重点是掌握函数 IF( )、COUNT( )、COUNTIF( )的使用；定义"区域名称"及"区域名称"的使用。

【操作步骤】

（1）打开"程序设计考试成绩"工作表，统计"总分"列（略）。

（2）统计"及格否"列：在 I3 单元格中输入公式"=IF(H3<60,"不及格","及格")"，并拖曳填

充柄到 I54。

（3）统计"考试人数"：在 F56 单元格中输入公式"=COUNT(H3:H54)"，计算区域 H3:H54 中数值的个数，即是参加考试的人数。

（4）统计"及格人数"：在 F57 单元格中输入公式"=COUNTIF(H3:H54，">=60")"，计算区域 H3:H54 中满足条件">=60"的个数。

（5）计算及格率：在 F58 单元格中输入公式"=F57/F56"。

（6）定义和使用区域名称。

在上面的应用中，可以看到 H3:H54 区域经常被引用，现将 H3:H54 区域命名为"总分"，在公式中使用"区域的名称"会更加直观和方便。

① 定义区域名称。

选中 H3:H54 区域，执行"插入"菜单→"名称"→"定义"命令，弹出"定义名称"对话框，如图 4-42 所示，在"在当前工作簿中的名称"文本框中输入"总分"，单击"添加"按钮，完成区域名称的定义。

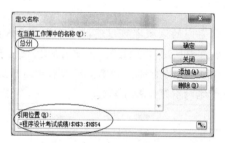

图 4-42 "定义名称"对话框

② 使用区域名称，统计各分数段人数。

a. 统计 90 分以上的人数。

在 F59 单元格中输入公式"=COUNTIF(总分,">=90")"，按回车键。

b. 统计 80～89 分的人数。

在 F60 单元格中输入公式"=COUNTIF(总分,">=80")-COUNTIF(总分,">=90")"，按回车键。

c. 用类似的方法统计 70～79、60～69 分的人数。

d. 统计 60 分以下的人数。

在 F63 单元格输入公式"=COUNTIF(总分,"<60")"，按回车键。

最后结果如图 4-43 所示，保存文档后关闭工作簿。

	A	B	C	D	E	F	G	H	I
1					《程序设计》试卷分析				
2	班级	学号	姓名	选择题满分10	完善程序题满分30	阅读程序题满分30	程序设计题满分30	总分	及格否
3	成型	A0344112	张晓林	10	25	26	27	88	及格
4	成型	A0444101	李淑媛	6	18	13	12	49	不及格
53	会学	T0412214	王婧	6	21	11	29	67	及格
54	会学	T0412215	谢智群	10	19	25	20	74	及格
55									
56					考试人数	52			
57					及格人数	46			
58					及格率	88.5%			
59					90-100人数	5			
60					80-89人数	9			
61					70-79人数	18			
62					60-69人数	14			
63					60分以下人数	6			

图 4-43 "程序设计考试成绩"表统计结果

【内容 5】隐藏公式

要求：

隐藏"实验 4-3.xls"中"工资表"中的公式。

【操作步骤】

（1）打开"工资表"。

（2）隐藏公式：选中要隐藏公式的区域，右击鼠标，在快捷菜单中选择"设置单元格格式"→"保护"选项卡，选中"隐藏"复选框，如图 4-44 所示，单击"确定"按钮。

注意：只有在工作表被保护时，隐藏公式才有效。

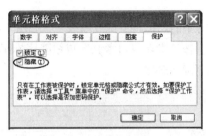

图 4-44　在"单元格格式"对话框的"保护"选项卡中选择"隐藏"

（3）保护工作表：执行"工具"菜单→"保护"→"保护工作表"命令，弹出"保护工作表"对话框，如图 4-45 所示，输入自己设定的密码，单击"确定"按钮，再次输入密码，单击"确定"按钮，完成公式的隐藏操作。

在编辑栏中不显示公式，即隐藏公式，只在单元格中显示数据。

如果要解除隐藏公式，执行"工具"菜单→"保护"→"撤消工作表保护"命令，在图 4-46 所示的"撤消工作表保护"对话框中输入取消保护密码，单击"确定"按钮完成操作。

图 4-45　"保护工作表"对话框　　　　图 4-46　"撤消工作表保护"对话框

实验 5　数据管理和分析

一、实验目的

1. 掌握工作表的排序方法。

2. 掌握工作表的筛选与分类汇总的方法。

二、实验准备

1. 在某个磁盘（如 E:\）下创建自己的文件夹，命名为"班级_学号_姓名_电子表格"，用于存放练习文件。

2. 将光盘的"实验 5-1.xls"、"实验 5-2.xls"、"实验 5-3.xls"文件复制到自己的文件夹中。

三、实验内容及步骤

【内容 1】排序的应用

要求：

打开"实验 5-1.xls"工作簿中的"招聘考试成绩表"，如图 4-47 所示。按"综合成绩"降序排序；当"综合成绩"相同时，按"专业科目考试"成绩降序排序；"综合成绩"和"专业科目考试"都相同时，再按"面试"降序排序。

	A	B	C	D	E	F	G	H
1	宏大公司招聘新员工考试成绩表							
2	准考证号	姓名	生源地	行政职业能力测试	申论	专业科目考试	面试	综合成绩
3	2013001	王立	辽宁	67	87	88	89	85
4	2013002	王达	天津	60	66	66	67	65
5	2013003	吴董	北京	77	43	34	66	51
6	2013004	徐廷	吉林	79	56	88	88	82
7	2013005	武鹏	辽宁	81	65	96	87	86

招聘考试成绩表 / Sheet2 / Sheet3

图 4-47 "招聘考试成绩表"初表

【操作步骤】

（1）选择区域 A2:H30，选择"数据"菜单→"排序"命令，弹出"排序"对话框。

（2）在"主要关键字"下拉列表中选定"综合成绩"，同时选择"降序"单选按钮。

（3）在"次要关键字"下拉列表中选定"专业科目考试"，同时选择"降序"单选按钮。

（4）在"第三关键字"下拉列表中选定"面试"，同时选择"降序"单选按钮。

（5）如图 4-48 所示，单击"确定"按钮，完成排序。保存工作簿。

图 4-48 "排序"对话框

【内容 2】数据筛选

要求：

打开"实验 5-1.xls"工作簿中的"招聘考试成绩表"，如图 4-47 所示。

（1）筛选出"生源地"是北京的考生。

（2）筛选出"综合成绩"在前 15 名的考生数据。

（3）筛选出"综合成绩"在 70～80 的考生数据。

（4）筛选出王姓考生的数据。

【操作步骤】

（1）筛选出"生源地"是北京的考生。

① 选择区域 A2:H30，选择"数据"菜单→"筛选"→"自动筛选"命令。在表头的各个列标题右侧分别有一个"筛选"按钮▾。

② 在"生源地"右侧的筛选下拉列表中选择"北京"，即筛选出北京的考生，此时筛选按钮变成蓝色。

（2）筛选出"综合成绩"在前 15 名的考生。

恢复显示全部数据：选择"数据"菜单→"自动筛选"命令，取消自动筛选，显示全部数据。

① 选择区域 A2:H30，选择"数据"菜单→"筛选"→"自动筛选"命令。

② 在"综合成绩"列筛选下拉列表中选择"前 10 个"，打开 "自动筛选前 10 个"对话框，显示"最大"，在中间的数字微调控件中输入"15"，如图 4-49 所示，单击"确定"按钮，即可筛选出综合成绩在前 15 名的考生数据。

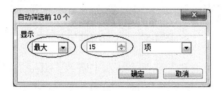

图 4-49　"自动筛选前 10 个"对话框

（3）筛选出"综合成绩"在 70～80 的考生数据。

恢复显示全部数据：分别单击各列标题右侧的筛选按钮，选择"全部"，显示相关列的全部数据。

在"综合成绩"筛选下拉列表中选择"自定义"，弹出"自定义自动筛选方式"对话框，按照图 4-50 所示设置，即可选出"综合成绩"在 70～80 的考生数据。

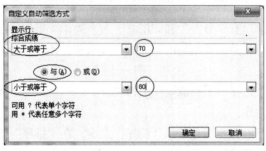

图 4-50　在"自定义自动筛选方式"对话框中筛选综合成绩在 70～80 的考生数据

（4）筛选出王姓考生的数据。

恢复显示全部数据。

在"姓名"筛选下拉列表中选择"自定义"，弹出"自定义自动筛选方式"对话框，按照图 4-51 所示设置，即可选出王姓考生的数据。

图 4-51　在"自定义自动筛选方式"对话框中筛选王姓考生的数据

【内容3】分类汇总

要求：

"实验 5-2.xls"工作簿中的"工资清单"工作表中的数据如图 4-52 所示。

	A	B	C	D	E	F	G	H	I	J
1	工号	部门	姓名	基本工资	岗位工资	餐补	交通费	加班补助	事假	实发工资
2	0567	技术部	王立	4000.00	2000.00	100.00	80.00	100.00	0	¥ 6,280.00
3	0568	财务部	王达	3500.00	1600.00	200.00	50.00	60.00	0	¥ 5,410.00
4	0569	财务部	吴萱	3000.00	1500.00	100.00	50.00	100.00	0	¥ 4,750.00
18	0583	技术部	于飞	3500.00	1000.00	80.00	50.00	100.00	0	¥ 4,730.00
19	0584	档案部	张玲	2000.00	1000.00	100.00	50.00	100.00	2	¥ 2,050.00

工资清单 / 分类汇总 / Sheet2 / Sheet3 /

图 4-52　"工资清单"表

要求按"部门"进行分类，"求和"汇总"基本工资"、岗位工资"、"餐补"……"实发工资"等数据项，分类汇总后显示各部门的各数据项，如图 4-53 所示。

	A	B	C	D	E	F	G	H	I	J
1	工号	部门	姓名	基本工资	岗位工资	餐补	交通费	加班补助	事假	实发工资
7		财务部	汇总	18500.00	7100.00	700.00	250.00	431.00	1	¥26,081.00
10		档案部	汇总	3500.00	2000.00	200.00	100.00	100.00	2	¥ 4,700.00
16		技术部	汇总	18500.00	7100.00	480.00	260.00	430.00	2	¥24,330.00
19		人事部	汇总	5500.00	2000.00	200.00	110.00	200.00	1	¥ 7,110.00
24		销售部	汇总	14000.00	4000.00	400.00	170.00	360.00	3	¥16,230.00
25		总计		60000.00	22200.00	1980.00	890.00	1521.00	9	¥78,451.00

工资清单 / 分类汇总 / Sheet2 / Sheet3 /

图 4-53　分类汇总工资清单的各部门各数据项

顾名思义，"分类汇总"有"分类"和"汇总"两个操作。采用排序的方式，将需要分类的数据排列在一起；然后进行汇总。常用的汇总方式有：求和、计数、平均值、最大值、最小值。

【操作步骤】

打开"实验 5-2.xls"，选择"工资清单"工作表。

（1）按"部门"进行排序。

选择区域 A1:J19，执行"数据"菜单→"排序"命令，在"排序"对话框中选择"主要关键字"为"部门"，单击"确定"按钮。

（2）按"求和"方式分类汇总。

选择区域 A1:J19，执行"数据"菜单→"分类汇总"命令，打开"分类汇总"对话框，在"分类字段"中选择"部门"，"汇总方式"中选择"求和"，"选定汇总项"中选择"基本工资"、"岗位工资"、"餐补"……"实发工资"等数据项，如图 4-54 所示，单击"确定"按钮。

图 4-54 在"分类汇总"对话框中设置分类汇总

（3）单击层次按钮 2 ，可以看到如图 4-53 所示的结果。

尝试一下，分别单击层次按钮 1 、 2 和 3 ，查看效果。

如果要删除分类汇总，选择数据区域中任一单元格，选择"数据"菜单→"分类汇总"命令，弹出"分类汇总"对话框，选择"全部删除"按钮。

【内容 4】合并计算

要求：

根据"实验 5-3.xls"工作簿中各次模拟考试成绩表，完成以下操作。

（1）将每一位学生 4 次模拟考试的成绩，利用平均函数合并计算至"总评成绩"工作表中，如图 4-55 所示。

	A	B	C	D	E	F	G
1	4次模拟考试总评成绩						
2	学号	姓名	英语	数学	物理	历史	语文
3	1302001	汤明	86	85	78.5	89.75	96
4	1302002	张家宝	96	96	87	85	78
5	1302003	王立	86	65	78	67	87
6	1302004	王达	68.75	69	87	86	86
7	1302005	吴曹	89	87	98	96	96
8	1302006	徐廷	65	60	65	86	86
9	1302007	武鹏	69	96	69	63	63
10	1302008	赵晓	87	86	87	88	86
11	1302009	张婉	69.75	96	66	65	96
12	1302010	刘佳	96	86	96	69	86
13	1302011	靖美	68	63	86	87	63
14	1302012	苏虹	98	78	96	66.25	78
15	1302013	王昊	87	87	86	96	87
16	1302014	李辉	67.5	90	63	80	87

第1模拟考试　第2模拟考试　第3模拟考试　第4模拟考试　总评成绩

图 4-55 利用"合并计算"功能计算每个人各科总平均成绩

（2）建立"总评成绩"工作表的记录单，输入任意一个学生的学号，即可得到该生的各科平均成绩。

【操作步骤】

打开"实验 5-3.xls"工作簿，查看各次模拟考试表，选择"总评成绩"工作表。

（1）合并计算每个学生的各科平均成绩。

① 选择区域 C3:G16，执行"数据"菜单→"合并计算"命令，弹出"合并计算"对话框。

② 在函数下拉列表中选择"平均值"。

③ 单击"引用位置"右侧的折叠按钮，选择工作表"第 1 模拟考试"的区域$C$3:$G$16，再单击按钮，展开"合并计算"对话框，单击"添加"按钮；类似地，将"第 2 模拟考试"表 ~ "第 4 模拟考试"表的相应区域添加到"所有引用位置"列表中，如图 4-56 所示，最后单击"确

定"按钮，最后结果如图 4-55 所示。

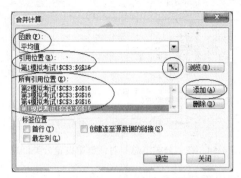

图 4-56 在"合并计算"对话框中设置函数和引用位置

（2）使用"记录单"查询某学生各科平均成绩。

选择"总评成绩"工作表，执行"数据"→"记录单"命令，弹出"总评成绩"对话框，单击"条件"按钮。

在"学号"文本框中任意输入一个学号，按回车键，立即显示对应该学号学生的各科平均成绩记录单，如图 4-57 所示。

图 4-57 "总评成绩"记录单

实验 6　图表应用

一、实验目的

1. 熟练掌握 Excel 数据图表的制作。
2. 掌握 Excel 数据图表的格式设置。

二、实验准备

1. 在某个磁盘（如 E:\）下创建自己的文件夹，命名为"班级_学号_姓名_电子表格"，用于存放练习文件。

2. 将光盘的"实验 6.xls"文件复制到自己的文件夹中。

三、实验内容及步骤

【内容 1】创建图表

要求：

对"实验 6.xls"文件中的如图 4-58 所示的"各学院学生人数统计表"数据创建图表。

	文法学院	会计学院	工商学院	传媒学院	经济学院
各学院学生人数统计表					
一年级	468	967	874	674	547
二年级	354	586	850	552	688
三年级	354	857	854	454	341
四年级	348	426	654	321	456
总计					

图 4-58　各学院学生人数统计表

（1）根据各学院各年级学生人数嵌入一个柱形图表，直观地显示各学院各年级人数。

（2）根据会计学院的人数建立一个条形图并存放到新工作表中，新工作表名称为"会计学院学生人数图"，并且在数据系列上显示具体的学生人数和会计学院的数据表。

（3）根据各学院的总人数建立一个饼型图表，在饼图上显示各学院学生人数的比例。

【操作步骤】

打开"实验 6.xls"工作簿，选择"学生人数"工作表。

（1）插入柱形图表。

① 选定用于制作图表的数据区域 A2:F6。选择"插入"菜单→"图表"命令或单击常用工具栏上的"图表向导"按钮 📊，弹出如图 4-59 所示的"图表向导-4 步骤之 1-图表类型"对话框，在"图表类型"列表框中单击"柱形图"，再选中一个子图表类型，单击"下一步"按钮。

图 4-59　"图表类型"对话框

② 在弹出的"图表向导-4 步骤之 2-图表源数据"对话框中单击"系列产生在"的"行"单选按钮，单击"下一步"按钮。

③ 弹出"图表向导-4 步骤之 3-图表选项"对话框，按图 4-60 所示完成"图表标题"、"分类(X)轴"、"数值(Y)轴"的设置，单击"下一步"按钮。

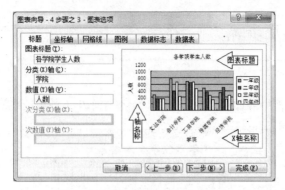

图 4-60　"图表选项—标题"选项卡

④ 在"图表向导-4 步骤之 4-图表位置"对话框中选择"作为其中的对象插入"单选按钮，单击"完成"按钮，结果如图 4-61 所示。

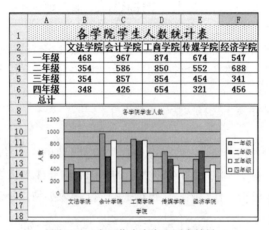

图 4-61　在工作表中嵌入图表结果

（2）在新工作表中建立条形图。

① 选择区域 A2:A6，按住"Ctrl"键不放，再选择区域 C2:C6，单击工具栏上的"图表向导"按钮 ，弹出"图表向导-4 步骤之 1-图表类型"对话框，在"图表类型"列表框中单击"条形图"。

② 弹出"图表向导-4 步骤之 3-图表选项"对话框，在"标题"选项卡中输入图表标题，在"数据标志"选项卡中选择"值"选项，如图 4-62 所示。

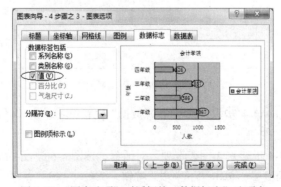

图 4-62　"图表选项"对话框的"数据标志"选项卡

③ 单击"数据表"选项卡，选择"显示数据表"复选框，如图 4-63 所示，单击"下一步"按钮。

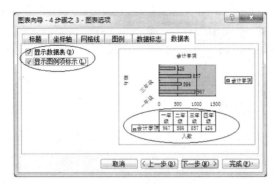

图 4-63　"图表选项"对话框的"数据表"选项卡

④ 在"图表向导-4 步骤之 4-图表位置"对话框（见图 4-64）中选择"作为新工作表插入"，并在文本框中输入新工作表名称"会计学院学生人数图"，单击"完成"按钮，则会在新工作表中显示如图 4-65 所示的图表。

图 4-64　"图表向导-4 步骤之 4-图表位置"对话框

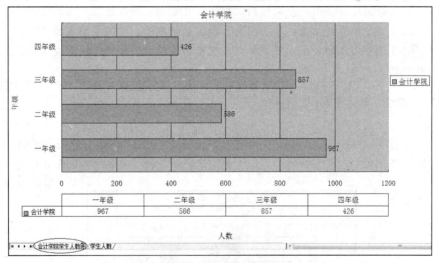

图 4-65　会计学院各年级人数统计图表

（3）插入饼图。

计算各学院的总人数，即"总计"行。

① 选中区域 A2:F2，按住"Ctrl"键不放，再选择区域 A7:F7。打开"图表向导-4 步骤之 1-图表类型"对话框，在"图表类型"列表框中单击"饼图"，单击"下一步"按钮。

② 打开"图表向导-4 步骤之 2-图表源数据"对话框，在"系列产生在"选项中选择"行"，单击"下一步"按钮。

③ 打开"图表向导-4 步骤之 3-图表选项"对话框，在"标题"选项卡中输入图表标题 "各学院人数比例"；在"图例"选项卡中选择"底部"；在"数据标志"选项卡中按图 4-66 所示进行设置，单击"完成"按钮，得到如图 4-67 所示的饼图。

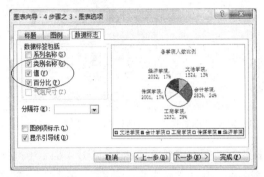

图 4-66 "图表向导-4 步骤之 3-图表选项"对话框中的"数据标志"选项卡

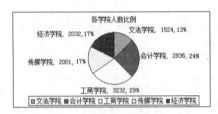

图 4-67 各学院总人数分布饼图

（1）饼图适合显示一个系列的数据，能直观地表示各数据所占的比例。

（2）调整图表的位置：单击图表，按住鼠标拖动，可调整图表位置。

（3）调整图表的大小：将鼠标放在图表的边界上，鼠标形状变成双箭头，拖曳鼠标可改变图表大小。

【内容 2】修改、美化图表

要求：

在完成"内容 1"的基础上，修改并美化"学生人数"表中的图表，原图参见图 4-61。在图中只显示文法、会计和工商 3 个学院中一年级和四年级的人数，效果参考如图 4-68 所示。

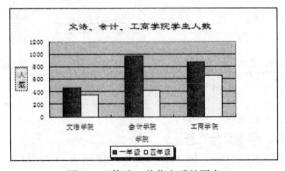

图 4-68 修改、美化之后的图表

【操作步骤】

（1）修改图表标题。

在图表的标题上单击两次，出现插入点光标，修改标题的内容为"文法、会计、工商学院学生人数"；右击图表标题，选择"图表标题格式"，在该对话框中设置图表标题的格式，包括底纹、字体、对齐方式等。

（2）修改源数据。

在图表上单击鼠标右键，选择"源数据"命令，在"数据区域"选项卡中单击"折叠"按钮，在工作表中重新选择源数据区域为"=学生人数!\$A\$2:\$D\$6 "，单击"确定"按钮，其结果只显示文法、会计、工商 3 个学院的数据。

（3）删除系列。

在图标上单击"二年级"数据项，按 Delete 键删除二年级数据系列。用类似操作删除三年级数据系列。

（4）设置数据系列格式。

在一年级数据系列上单击鼠标右键，在快捷菜单中选择"数据系列格式"命令，弹出"数据系列格式"对话框，设置该系列的"图案"底纹如图 4-69 所示，填充效果如图 4-70 所示。

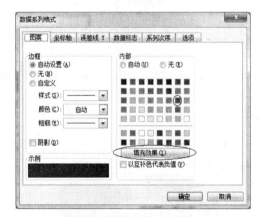

图 4-69　在"数据系列格式"对话框中设置"图案"底纹

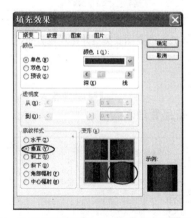

图 4-70　在"数据系列格式"对话框中设置填充效果

（5）设置图表区格式。

在图表空白处单击鼠标右键，选择快捷菜单中的"图表区格式"命令，弹出"图表区格式"

对话框，选择"图案"选项卡，单击"填充效果"按钮，在"填充效果"对话框的"纹理"选项卡中选择一个纹理，单击"确定"按钮，回到"图表区格式"对话框，单击"确定"按钮，完成图表背景图案的设置。

（6）设置坐标轴标题格式。

在 Y 轴坐标轴标题"人数"上单击鼠标右键，选择"坐标轴标题格式"命令，在对话框中进行设置，如图 4-71 所示。

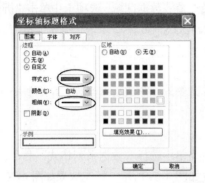

图 4-71　"坐标轴标题格式"对话框

图例等部分的设置与上述类似，不再赘述。最后完成的效果参考图 4-68。

（7）改变图表的类型。

在图 4-67 所示的"各学院人数比例"饼图上单击鼠标右键，在快捷菜单中选择"图表类型"命令，在"饼图"的"子图表类型"中选择"分离型三维饼图"类型，单击"确定"按钮完成图表类型的更改。其他设置略，最后的效果如图 4-72 所示。

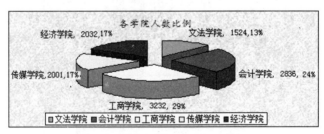

图 4-72　改变图表类型并格式化后的效果图

四、实验练习及要求

1. 建立如图 4-73 所示的"备品管理表"。

	A	B	C	D	E	F
1	备用物品管理表					
2	最终检查日期:					
3	种类	物品名	需要数量	补充标准值	当前数目	是否补充?
4	文具	圆珠笔（黑）	20		5	
5	文具	圆珠笔（红）	12		8	
6	文具	铅笔（HB）	20		3	
7	文具	铅笔（2B）	20		10	
8	文具	橡皮	20		5	
9	文具	双层夹（大）	12		10	
10	文具	双层夹（中）	12		8	
11	文具	双层夹（小）	12		4	

图 4-73　备品管理表

要求：

（1）输入公式计算。

① 补充标准值=需要数量/2，之后使用"复制"→"选择性粘贴（数值）"命令隐藏公式。

② 如果当前数目≤补充标准值，则在"是否补充"列输入"是"，否则输入"否"。

（2）格式化工作表。

① 将 A4:A11 区域合并成一个单元格，纵向居中显示"文具"两个字。

② 在 B2 单元格中输入当前日期，B2:E2 单元格合并居中。

2. 创建"班费管理"工作簿，在"10 月份班费收支情况"工作表中输入如图 4-74 所示的内容，计算并格式化。

10月份班费收支情况

班费收入		班费开支			
项目	金额	项目	数量	单价	金额
10月份班费	800	垃圾桶	2	12.7	25.4
篮球比赛奖金	30	篮球比赛买水	24	1.5	36
拔河比赛奖金	50	体检费	30	25	750
本学期退书本费	600	篮球比赛服装费	10	50	500
合计					
本期余额					

图 4-74　"10 月份班费收支情况"表

要求：

（1）表中班费开支中的金额项、合计中的数据及本期余额要求使用公式或函数计算。

（2）格式化工作表：设置字体、字号、合并单元格、加边框和底纹、设置数据格式、设置对齐方式等操作。

3. **建立近两个月的日历**（参考图 4-75）。

要求：

（1）创建工作簿。

① 创建一个名为"日历"的工作簿，其中包含两个工作表"X 月份"和"X+1 月份"。

② 使用自动填充功能完成主要数据的输入。

③ 选择适当位置插入一幅图片。

④ 复制工作表后修改数据，完成下一个月的数据输入。

⑤ 重命名工作表，并设置工作表标签颜色。

（2）页面设置。

① 在页面设置中选择纸张的大小和页边距。

② 通过打印预览明确格式化时的布局。

（3）格式化工作表。

① 合并单元格，设置字体、字号，设置对齐方式，加边框和底纹等。

② 去掉工作表中的网格线（提示："工具"菜单→"选项"→"视图"→"网格线"命令）。

图 4-75　2013 年 5 月日历

4. 有如下数据表格"2012 年水果罐头出口统计"，使用条形图比较 4 个地区的罐头产品销量。

2012 年水果罐头出口统计（单位：万吨）

地区	苹果罐头	柑橘罐头	酥梨罐头
美国	30.74	26.56	28.63
俄罗斯	20.17	19.8	20.79
东南亚	37.8	84.53	35.87
日本	21.97	20.31	20.65

5. 有如下"学生成绩表"，请自行填充数据，至少包含两个不同班级，有 20 个人以上的数据。

学号	班级	姓名	数学	语文	外语	总分	平均	名次	合格

要求：

（1）使用公式完成下列统计计算。

- 求每个人的总分和平均分，并保留两位小数。
- 求每个人的名次。
- 判断每个人是否合格（所有科目都及格为"合格"，否则为"不合格"）。
- 求各个科目的平均值。
- 求各个科目的最高分与最低分。
- 求各个科目及格人数。
- 求各个科目不及格人数。
- 求各个科目及格率，并使用百分比格式。

（2）表格格式化。

设置表格中的数据水平和垂直方向都居中，设置边框和底纹的颜色，适当设置字体。

（3）数据管理和分析。

- 按班级分类汇总平均分。
- 利用自动筛选功能，筛选出不合格学生的名单。
- 根据各科平均分，插入一张嵌入式柱形图表，并添加图表标题、数据标志及坐标轴标题。

（4）设置页眉为"学生期末考试成绩单"。

（5）打印"学生成绩表"。

6. Excel 综合作业。

要求：

（1）请选择一个数据问题，创建一个数据表，例如学生成绩表、职工工资表、体育赛事表、图书馆信息表、某某销售表（例如某品牌服装销售、某楼盘销售、图书销售、汽车销售、电脑配件销售、家电销售）等。

（2）文件命名：班级_学号_姓名.xls。

（3）工作簿中有若干张表。

第 1 张表包括的内容：至少 20 行原始数据、各种统计计算、设置数据格式（根据需要保留小数位、百分比等）。并根据问题设置表格大标题、边框颜色和底纹、条件格式、页眉和页脚等。

第 2 张表包括的内容：复制第 1 张表的数据到第 2 张表，对数据按某关键字进行排序（简要说明：按某某关键字进行排序）。

第 3 张表包括的内容：复制第 1 张表的数据到第 3 张表，对数据进行筛选（简要说明：按某某进行数据筛选）。

第 4 张表包括的内容：复制第 1 张表的数据到第 4 张表，对数据进行分类汇总（简要说明：按某某进行分类，汇总某某）。

第 5 张表包括的内容：复制第 1 张表的数据到第 5 张表，设计一个能说明问题的图表。

五、实验思考

1. 如何快速输入系统当前日期和系统当前时间？
2. 如何输入全部由数字字符组成的文本数据？
3. 如何给单元格添加或删除批注？
4. 如何添加自定义序列？
5. Excel 环境中功能键 F4、Ctrl、Alt+Enter 和 Ctrl+Enter 的作用分别是什么？
6. 使用菜单命令对数据进行排序时，如何处理有 5 个关键字的排序？
7. 删除图表区某个系列的操作方法是什么？

第5章

PowerPoint 演示文稿

本章实验基本要求
- 掌握制作演示文稿的操作方法。
- 掌握 PowerPoint 的文本、图片和声音等幻灯片元素的设置和操作。
- 掌握 PowerPoint 动画和超链接的设置。
- 掌握幻灯片的放映方法。

实验 1   PowerPoint 的基本操作

一、实验目的

1. 熟悉 PowerPoint 的基本功能和编辑环境。
2. 掌握具有不同版式的演示文稿的创建和编辑方法。
3. 掌握 PowerPoint 中幻灯片的插入、编辑和删除等操作技能。
4. 掌握幻灯片的设计模板、版式和配色方案的设置。
5. 熟练掌握文字、艺术字、图片、声音、图表等幻灯片元素的操作。
6. 掌握幻灯片中动画和超链接的设置。
7. 掌握演示文稿放映设置与放映操作。

二、实验准备

1. 熟悉 PowerPoint 的启动和退出。
2. 了解幻灯片设计模板和幻灯片版式窗口及应用。
3. 了解放映的方法，观看放映（F5 键）和从当前幻灯片放映（Shift+F5 组合键）。
4. 准备制作演示文稿的相关素材（文字、图片、声音等）。
5. 在某个磁盘（如 E:\）下创建一个文件夹，命名为"学号_班级_姓名_演示文稿"，用于存放练习文件。

三、实验内容及步骤

【内容 1】PowerPoint 2003 的启动、演示文稿的创建和退出
【知识点链接】
PowerPoint 也是 Office 的一个组件，它的启动与退出的方法和 Word、Excel 的启动与退出方

法相似，回顾 Word 和 Excel 的启动和退出方法。

【操作步骤】

（1）通过开始菜单进行操作，选择"开始"→"程序"→"Microsoft Office"→"Microsoft Office PowerPoint 2003"命令。

（2）启动 PowerPoint 2003，进入 PowerPoint 2003 窗口，系统会自动为空白演示文稿新建一张"标题"幻灯片，如图 5-1 所示。

图 5-1　PowerPoint 2003 窗口

（3）在工作区中单击"单击此处添加标题"文字，输入内容，如"计算机基础"；再单击"单击此处添加副标题"文字，输入内容，如"信息工程学院"，"标题"幻灯片制作完成，如图 5-2 所示。

图 5-2　"标题"幻灯片

副标题根据实际情况进行设计，标题幻灯片也可以没有副标题。

（4）普通幻灯片的制作：选择"插入"→"新幻灯片"命令，插入一张新的幻灯片，默认显示的是"标题和文本"幻灯片，添加标题和内容，并保存演示文稿。

（5）选择"文件"菜单中的退出命令，或者使用快捷键"Alt+F4"退出。

如果在退出 PowerPoint 之前有未保存的内容，将会弹出一个消息框，询问是否在退出之前保存文件。单击"是"，保存修改的内容；单击"否"，退出，但不保存已经修改的内容；单击"取消"按钮，则不会退出 PowerPoint 的工作环境。

【内容 2】制作新年贺卡、圣诞贺卡

【知识点链接】

根据内容提示向导新建演示文稿。

【操作步骤】

（1）新建演示文稿。

① 启动 PowerPoint 2003 应用程序，打开 PowerPoint 2003 工作环境。在窗口右侧"开始工作"任务窗格（见图 5-3）中，单击"新建演示文稿"链接，打开"新建演示文稿"窗格，如图 5-4 所示。

图 5-3 "开始工作"任务窗格

图 5-4 "新建演示文稿"任务窗格

如果在打开的窗口中没有"开始工作"任务窗格，可以用选择"视图"→"任务窗格"命令，打开"任务窗格"窗口。

② 在"新建"选项中选择"根据内容提示向导"，弹出如图 5-5 所示的"内容提示向导"对话框。单击"下一步"按钮，选择"成功指南"→"贺卡"，如图 5-6 所示。采用默认的输出类型，如图 5-7 所示。

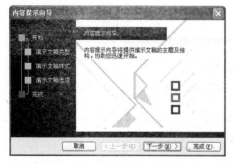

图 5-5 "内容提示向导"对话框

图 5-6 选择"成功指南"中的"贺卡"选项

③ 单击"下一步"按钮，在"演示文稿标题"文本框中输入"新年贺卡"，在"页脚"文本框中输入"YY 工作室"，其余项目为默认设置，如图 5-8 所示。单击"完成"按钮，自动生成一个默认为包含 8 张幻灯片的演示文稿，如图 5-9 所示。

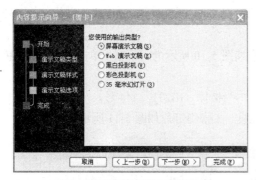

图 5-7　"输出类型"对话框

图 5-8　演示文稿标题和页脚

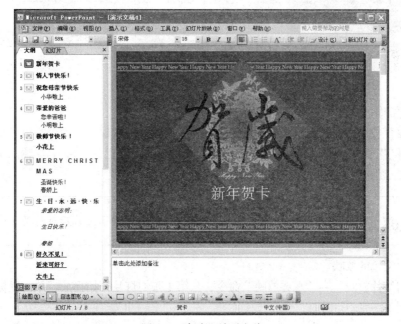

图 5-9　"贺卡"演示文稿

（2）文字编辑及幻灯片的基本操作。

① 选中第 1 张幻灯片的文字"新年贺卡"，设置字体为楷体_GB2312，字号为 66。

② 选择第 2 张幻灯片，按住"Shift"键，用鼠标单击第 5 张幻灯片，按"Delete"键，则弹出如图 5-10 所示的对话框。单击"确定"按钮，则删除第 2～5 张幻灯片，当前的第 2 张幻灯片是 Merry Christmas。

图 5-10　提示"是否删除幻灯片"对话框

可以根据实际情况保留或删除幻灯片。

　　③ 编辑文字"春娇上"，将其更改为自己的名字。设置文本"圣诞快乐"的格式为楷体_GB2312，32号。

　　④ 选中第3张幻灯片，按"Delete"键，则弹出如图5-10所示的对话框。单击"确定"按钮，则删除第3张幻灯片。

　　⑤ 修改当前第3张幻灯片的文本内容。设置文本为楷体_GB2312，44号。

　　⑥ 用鼠标单击左下角"幻灯片浏览视图"按钮，3张幻灯片如图5-11所示。

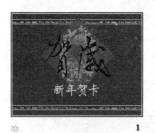

图5-11 【内容2】效果图

（3）保存演示文稿。

　　完成【内容2】所示的演示文稿的制作，选择"文件"→"保存"命令，也可以单击常用工具栏上的"保存"按钮，在弹出的"另存为"对话框中选择"自己的文件夹"，输入文件名为"贺卡.ppt"，单击"保存"按钮，完成演示文稿的保存。

　　演示文稿的保存和Word、Excel文档一样，创建演示文稿后最好马上保存。

（4）演示文稿的放映。

　　选择"幻灯片放映"→"观看放映"命令，从第1张幻灯片开始播放，单击鼠标左键或按回车键可切换到下一张幻灯片。

　　演示文稿从头观看放映的快捷键是F5，观看当前幻灯片的快捷键是Shift+F5，Esc键终止幻灯片的放映。

【能力拓展】

可以根据内容提示向导新建其他类型的演示文稿。

【内容3】制作主题班会演示文稿

刚刚步入大学校园，接触很多新的同学、新的事物，召开一次主题班会增强同学们之间的互相了解和沟通。制作主题班会演示文稿。

【知识点链接】

（1）幻灯片版式和幻灯片设计的应用。

（2）幻灯片背景的设置。

（3）艺术字和图片的插入。

【操作步骤】

- **制作第一张幻灯片——第一次主题班会**

（1）选择幻灯片版式。

新建演示文稿，在右侧任务窗格中选择"幻灯片版式"链接，选择内容版式"空白"版式，如图 5-12 所示。

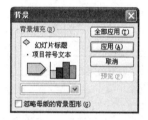

图 5-13　"背景"对话框

图 5-12　选择"空白"版式

图 5-14　选择"填充效果"命令

（2）设置背景。

① 在当前幻灯片上单击鼠标右键，在快捷菜单中选择"背景"命令，弹出"背景"对话框，如图 5-13 所示。

② 在背景下拉菜单中选择"填充效果…"命令，如图 5-14 所示。

③ 弹出"填充效果"对话框，在"渐变"选项卡中，颜色选择"预设"，在"预设颜色"下拉列表中选择"雨后初晴"，如图 5-15 所示。

④ 单击"确定"按钮，返回"背景"对话框，如图 5-16 所示。单击"应用"按钮，则当前幻灯片背景为"雨后初晴"。

提示

　　如果选择"全部应用"按钮，则所有的幻灯片都有相同的背景。

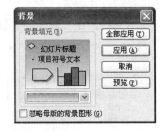

图 5-15 "填充效果"对话框   图 5-16 "预设"后的"背景"对话框

（3）插入艺术字。

① 选择"插入"→"图片"→"艺术字"菜单命令，弹出"艺术字库"对话框。

② 选择第 3 排第 4 列艺术字样式，单击"确定"按钮。

③ 弹出"编辑艺术字"对话框，输入"第一次主题班会"，设置字体为"华文新魏"，字号66 号。

再用同样的方法插入艺术字"相识"，设置字体为"华文新魏"，字号 96 号。单击"确定"按钮。第一张幻灯片如图 5-17 所示。

第一张幻灯片类似一本书的封皮，设计时要简洁、美观、一目了然。

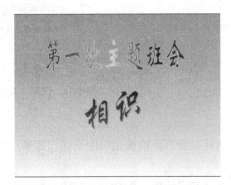

图 5-17 内容 2 的第 1 张幻灯片

- **制作第二张幻灯片——我们的校园**

（4）插入新的幻灯片。

选择"插入"→"新幻灯片"菜单命令，即插入一张新幻灯片。

插入新幻灯片的快捷键为 Ctrl+M。

（5）选择幻灯片设计模板。

在右侧任务窗格中选择"幻灯片设计"链接，查找"古萍荷花"设计模板，单击模板右侧向下按钮，在下拉菜单中选择"应用于选定幻灯片"命令，如图 5-18 所示。

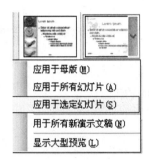

图 5-18　选择"应用于选定幻灯片"

　　如果直接单击选中的设计模板，则演示文稿的所有幻灯片都采用同样的设计模板。

（6）选择幻灯片版式。选择幻灯片版式为文字版式的"只有标题"版式。

（7）编辑文本。在文本框中输出"我们的校园"，设置为"华文行楷"，72 号。

（8）插入图片。选择右侧文本框，选择"插入"→"图片"→"来自文件..."命令，弹出"插入图片"对话框，插入"大学 1.jpg"。

用同样的方法插入"大学 2.jpg"和"大学 3.jpg"，调整图片的大小和位置。第 2 张幻灯片效果如图 5-19 所示。

图 5-19　内容 2 的第 2 张幻灯片　　　　　图 5-20　内容 2 的第 3 张幻灯片

- **制作第三张幻灯片——我们的班级**

（9）插入新的幻灯片。选择"插入"→"新幻灯片"菜单命令，再插入一张新幻灯片。

（10）编辑文字。在标题文本框中输入"我们的班级"，设置格式为"华文行楷，66 号"。在内容文本框中输入内容，设置格式为"华文行楷，66 号"。第 3 张幻灯片如图 5-20 所示。

- **保存演示文稿**
- **放映演示文稿**

选择"幻灯片放映"→"观看放映"命令，从第 1 张幻灯片开始播放，单击鼠标左键或按 Enter

键，可切换到下一张幻灯片，或者按 F5 键播放演示文稿。

【能力拓展】

结合实际，制作关于社团活动、演讲比赛等各种活动的演示文稿。

【内容4】制作个人简介

个人简介是自己生活、学习、工作、经历或成绩的概括集锦。通过个人简介可以更好地让观众了解自己。

【知识点链接】

（1）幻灯片版式和幻灯片设计的应用。

（2）艺术字、图片和声音的插入。

（3）动画的设置。

（4）幻灯片切换。

【操作步骤】

- **制作第一张幻灯片——个人简介**

（1）选择幻灯片版式。

启动 PowerPoint 2003 应用程序，在"开始工作"任务窗格中选择"幻灯片版式"链接，单击"内容版式"为"空白"版式。

（2）选择幻灯片设计模板。

在任务窗格中选择"幻灯片设计"链接，选择"古瓶荷花.pot"模板，如图 5-21 所示。

图 5-21　选择"古瓶荷花.pot"模板

图 5-22　第 1 张幻灯片示意图

（3）插入艺术字。

选择"插入"→"图片"→"艺术字"菜单命令，弹出"艺术字库"对话框。选择第 3 排第 3 列艺术字样式，单击"确定"按钮后，弹出"编辑艺术字"对话框，输入"个人简介"，设置字体为"楷体"，字号 66 号，单击"确定"按钮，第 1 张幻灯片如图 5-22 所示。

- **制作第二张幻灯片——自然情况**

（4）插入新幻灯片。

选择"插入"→"新幻灯片"菜单命令，即插入一张新幻灯片。

（5）选择版式。

在右侧"幻灯片版式"任务窗格中选择"文字和内容版式"中的"标题、文本与内容"版式。

（6）设置文本。

① 选择标题文本框，输入文本"自然情况"，设置文本格式"华文新魏，54 号"；

② 选择左侧的文本框，输出内容，设置文本格式"楷体_GB2312，28 号，加粗"。

（7）插入图片。

选择右侧文本框，选择"插入"→"图片"→"来自文件..."命令，弹出"插入图片"对话框，插入"lindan1.jpg"，第 2 张幻灯片如图 5-23 所示。

图 5-23　第 2 张幻灯片示意图　　　　　图 5-24　设置"如何开始播放声音"对话框

（8）插入声音。

① 选择"插入"→"影片和声音"→"文件中声音..."，弹出"插入声音"对话框，

② 选择"Rolling in the deep.mp3"，单击"确定"按钮后，弹出如图 5-24 所示的对话框。

③ 选择"自动"按钮，则幻灯片上插入一个小喇叭图标 。

鼠标右键单击小喇叭图标，弹出快捷菜单，选择"编辑声音对象"命令，弹出"声音选项"对话框，选择"幻灯片放映时隐藏声音图片"选项。这样在播放幻灯片时不显示小喇叭图标。

（9）设置动画。

① 选择标题文本框，在右侧任务窗格中打开"自定义动画"任务窗格，单击"添加动画效果"按钮，在下拉菜单中选择"进入"→"百叶窗"效果，如图 5-25 所示。在"方向"下拉菜单中选择"垂直"，在"速度"下拉菜单中选择"快速"。

也可以选择文本或图片，单击鼠标右键，在弹出的快捷菜单中选择"自定义动画"命令，打开"自定义动画"任务窗格，添加动画效果。

② 选择内容文本框，在"添加效果"中选择"进入"→"劈裂"效果。在"方向"下拉菜单中选择"中央向上下展开"。

③ 选择图片，在"添加效果"中选择"进入"→"圆形扩展"效果。在"方向"下拉菜单中选择"外"。

动画设置后会自动产生编号，设置动画之后的幻灯片窗口，如图 5-26 所示。

图 5-25　"添加效果"下拉菜单　　　　　　图 5-26　动画设置完成后的幻灯片窗口

此时可以单击左下角"从当前幻灯片开始放映"按钮 ⬛，观看幻灯片的动画效果。

　　如果要使用的添加效果没有在"进入"子菜单中，可以选择"其他效果…"命令，打开"添加进入效果"对话框，然后选择要使用的动画效果。

（10）更改动画效果。

如果对设置好的动画不满意，可以进行修改。

选择图片，同时在"自定义动画"窗格中单击"7"，此时"添加效果"按钮变为"更改"按钮，这时可以单击"更改"按钮，选择"进入→百叶窗"，将原来的"扇形展开"更改为"百叶窗"效果。

　　一定要选择事先设置好的动画效果，当"添加效果"按钮更改为"更改"按钮后，再选择其他效果，否则，直接选择"添加效果"后的效果，则当前对象会执行两次动画效果，自己可以尝试设置一下，并播放观看效果。

- **制作第三张幻灯片——成长经历**

（11）参照第二张幻灯片的操作步骤，完成第三张幻灯片的编辑，效果如图 5-27 所示。

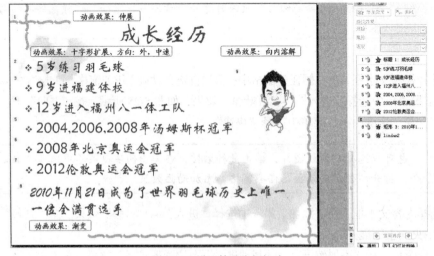

图 5-27　设置第 3 张幻灯片

● **保存演示文稿**

完成【内容 4】演示文稿的制作，选择"文件"→"保存"命令，输入文件名为"个人简介.ppt"，单击"保存"按钮，完成演示文稿的保存。

● **幻灯片切换**

为了丰富幻灯片放映效果，可以设置幻灯片切换效果。

① 单击第 1 张幻灯片，选择任务窗格中的"幻灯片切换"窗格。

② 选择"新闻快报"，速度为"中速"，声音设置为"风铃"。

③ 单击窗格下方的"播放"按钮，可以预览幻灯片切换效果。

如果选择"应用于所有的幻灯片"按钮，则该演示文稿的所有幻灯片都采用这种切换方式。也可以对每张幻灯片都设置不同的切换效果。

在进行自定义动画设置和幻灯片切换设置时，要考虑人的视觉感受。

● **保存并播放幻灯片**

选择"幻灯片放映"→"观看放映"命令，从第 1 张幻灯片开始播放，单击鼠标左键或按 Enter 键可切换到下一张幻灯片，或者按 F5 键播放幻灯片。

【能力拓展】

为社团制作幻灯片介绍成员，为竞赛（如演讲比赛、辩论赛等）制作幻灯片介绍参赛选手。

【内容 5】制作公司机构简介

了解一个公司，要了解公司的组织机构、销售及业绩等情况。

【知识点链接】

组织结构图、表格、图表的插入与设置。

【操作步骤】

● **制作第一张幻灯片——公司简介**

（1）选择幻灯片设计模板。

新建演示文稿，在任务窗格中选择"幻灯片设计"链接，选择"Pixel.pot"模板。

（2）编辑文本。输入"公司简介"，设置文本格式为"华文新魏，72 号"，如图 5-28 所示。

图 5-28　【内容 5】之 1——公司简介

图 5-29　"图示库"对话框

- **制作第二张幻灯片——插入组织结构图**

（3）插入新幻灯片。选择"插入"→"新幻灯片"菜单命令，即插入一张新幻灯片。

（4）插入组织结构图。

① 选择"插入"→"图示"命令，打开"图示库"对话框，如图 5-29 所示。

② 选择"组织结构图"，单击"确定"按钮，则在当前幻灯片中插入一个组织结构图，同时弹出"组织结构图"工具栏，如图 5-30 所示。

 提示 可以选择"格式"→"幻灯片版式"命令，在"幻灯片版式"任务窗格中向下滚动窗口，选择"其他版式"内的"标题或图示与组织结构图"版式。

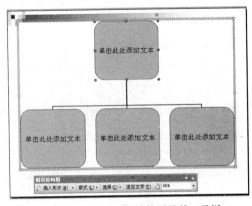

图 5-30　插入的组织结构图及其工具栏

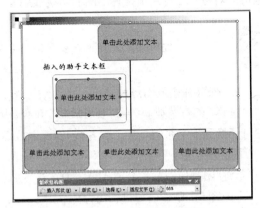

图 5-31　插入一个"助手"文本框

（5）编辑组织结构图。

组织结构图是由一个个文本框组成的，可以单击文本框，在文本框中输入相应的文本。

① 选择最上面的文本框，在"组织结构图"工具栏中单击"插入形状"按钮，在下拉选项中选择"助手"，则在最上面文本框的左下方插入了一个文本框，如图 5-31 所示。

 提示 工具栏中的"插入形状"按钮内含 3 个选项，分别是"下属"、"同事"和"助手"。最上面的文本框只可以添加"下属"和"助手"两项。

② 选择下端的文本框，在"组织结构图"工具栏中单击"插入形状"按钮，在下拉选项中选择"同事"，则文本框由原来的 3 个增加为 4 个。

③ 使用"组织结构图"工具栏，继续添加文本框，如图 5-32 所示。

④ 在文本框中输入文字，设置字体、字号，如图 5-33 所示。

 提示 单击工具栏中的"适应文字"按钮，则文本框中的文字会根据文本框的大小自动调整文字大小。

（6）设置动画。

选中"组织结构图"文本框，单击鼠标右键，在弹出的快捷菜单中选择"自定义动画"命令，在右侧的任务窗格中选择"添加效果"→"进入"→"扇形展开"命令。

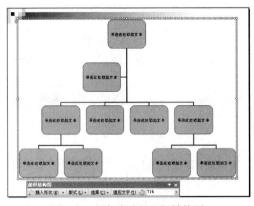

图 5-32　添加完成的组织结构图

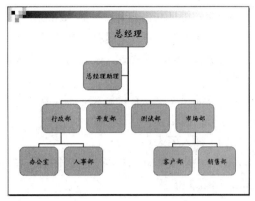

图 5-33　【内容 5】之 2—组织结构图

- **制作第三张幻灯片——插入表格**

（7）插入新幻灯片。选择"插入"→"新幻灯片"菜单命令，即插入一张新幻灯片。

（8）选择幻灯片版式。设置幻灯片版式为内容版式的"标题和内容"版式，选择"应用于选定幻灯片"。

（9）编辑文字。在标题文本框中输入文字"一季度销售统计表"，设置字体"华文新魏"，字号 48 号，居中。

（10）插入表格。

① 在内容文本框中选择"插入表格"按钮，如图 5-34 所示。

也可以选择"插入"，"表格…"菜单命令，插入表格。

图 5-34　选择"插入表格"按钮

图 5-35　【内容 5】之 3—插入表格

② 在弹出的对话框中设置行数、列数均为 5。

③ 在表格中输入文字，设置文本格式"楷体_GB2312"，28 号，垂直居中，设置表头为粗体，如图 5-35 所示。

在 PowerPoint 中对表格的操作和在 Word 中对表格的操作类似。

● **制作第四张幻灯片——插入图表**

（11）插入新幻灯片。选择"插入"→"新幻灯片"菜单命令，即插入一张新幻灯片。

（12）选择幻灯片版式。设置幻灯片版式为内容版式的"标题和内容"版式，选择"应用于选定幻灯片"。

（13）编辑文字。在标题文本框中输入文字"一季度销售统计图表"，设置字体"华文新魏"，字号48号，居中。

（14）插入图表。

① 在内容文本框中选择"插入图表"按钮 。在当前幻灯片中插入一个示例柱形图表和数据表，如图 5-36 所示。

> **提示**　也可以选择"插入"→"图表…"菜单命令，插入图表。

② 选择数据源。选择第 3 张幻灯片，选中表格中的数据，使用快捷键"Ctrl+C"复制数据。
③ 更改数据表。选择第 4 张幻灯片，使用快捷键"Ctrl+V"粘贴数据，如图 5-37 所示。

> **提示**　可以双击图表，激活数据表。

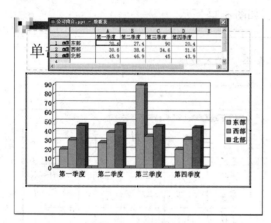

图 5-36　插入图表

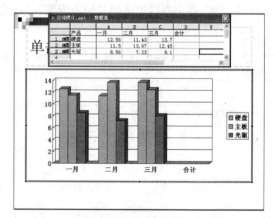

图 5-37　修改数据表

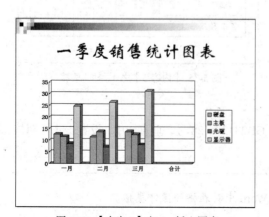

图 5-38　【内容 5】之 4—插入图表

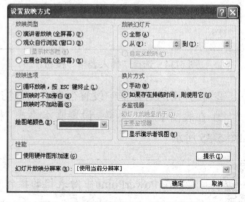

图 5-39　"设置放映方式"对话框

> PowerPoint 中对图表的操作和 Excel 中对图表的操作类似，如修改示例、设置图表背景等。双击图表后，可以进行修改操作。

插入图表设置完成后的第 4 张幻灯片如图 5-38 所示。

（15）设置放映方式。

① 选择"幻灯片放映"→"设置放映方式…"菜单命令，弹出"设置放映方式"对话框，如图 5-39 所示。

② 设置"放映类型"为"演讲者放映"，"放映选项"为"循环放映，按 ESC 键终止"。其他选项默认。

③ 单击"确定"按钮，完成幻灯片放映的设置。

（16）保存演示文稿。

完成【内容 5】演示文稿的制作，选择"文件"→"保存"命令，输入文件名为"公司简介.ppt"，单击"保存"按钮，完成演示文稿的保存。

- **演示文稿放映**

选择"幻灯片放映"→"观看放映"命令，从第 1 张幻灯片开始播放，单击鼠标左键或按 Enter 键可切换到下一张幻灯片，或者按 F5 键播放幻灯片。

【内容 6】2012 年伦敦奥运会

2012 年奥林匹克运动会，即第三十届夏季奥林匹克运动会，于 2012 年 7 月 27 日在英国首都伦敦拉开帷幕，下面制作关于奥运会的演示文稿。

【知识点链接】

（1）幻灯片背景的设置。

（2）项目符号和编号的使用和设置。

（3）超链接的使用。

【操作步骤】

- **制作第一张幻灯片——伦敦奥运会**

（1）选择幻灯片版式。

启动 PowerPoint 2003 应用程序，在"开始工作"任务窗格中选择"幻灯片版式"链接，单击"内容版式"为"空白"版式。

（2）设置第一张幻灯片背景。

① 选择"格式"→"背景…"命令，弹出"背景"对话框。

② 在"背景填充"的选项中选择"填充效果…"命令。

③ 在打开的"填充效果"对话框中选择"图片"选项卡。

④ 单击"选择图片"按钮，选择"奥运会 1.jpg"，单击"确定"按钮，单击"应用"按钮。第一张幻灯片的背景设置如图 5-40 所示。

> 也可以在当前幻灯片上单击鼠标右键，在弹出的快捷菜单中选择"背景…"命令，完成对背景的设置。

图 5-40　设置第一张幻灯片的背景

图 5-41　插入艺术字、设置动画效果

（3）插入艺术字。

选择"插入"→"图片"→"艺术字"菜单命令，弹出"艺术字库"对话框。选择第 5 排第 4 列艺术字样式，单击"确定"按钮，弹出"编辑艺术字"对话框，输入"伦敦奥运会"，设置字体为"华文行楷"，字号为 80。

（4）为艺术字设置动画。

选择艺术字"伦敦奥运会"，选择"自定义动画"任务窗格，单击"添加动画效果"按钮，在下拉菜单中选择"进入"→"十字形扩展"效果。在"方向"下拉列表中选择"外"，在"速度"下拉列表中默认为"中速"。设置后的幻灯片如图 5-41 所示。

- **制作第二张幻灯片——奥运会概况**

（5）插入一张新的幻灯片。

（6）选择幻灯片设计模板。

在任务窗格中选择"幻灯片设计"链接，在"Edge.pot"模板处选择"应用于选定幻灯片"。

（7）输入文字。

在标题文本框中输入"奥运会概况"，设置文本格式"华文新魏"，字号 80，居中。在内容文本框中输入："时间：奥运口号吉祥物开幕式闭幕式"，设置字号 44，楷体。

（8）插入图片。

选择"插入"→"图片"→"来自文件..."命令，弹出"插入图片"对话框，插入"奥运会 2.jpg"，调整图片大小和位置。第 2 张幻灯片如图 5-42 所示。

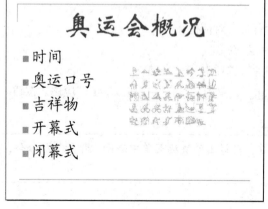

图 5-42　第 2 张幻灯片

图 5-43　"项目符号和编号"对话框

（9）设置项目符号和编号。

① 选择内容文本框中的所有文本，单击鼠标右键，在弹出的快捷菜单中选择"项目符号和编号…"命令，弹出的"项目符号和编号"对话框如图 5-43 所示。

② 选择一种项目符号，也可以单击"自定义…"按钮，在弹出的"符号"对话框中选择一种合适的符号，单击"确定"按钮。

③ 在"项目符号和编号"颜色列表中选择"黄色"，单击"确定"按钮，重新设置了项目符号和编号的幻灯片如图 5-44 所示。

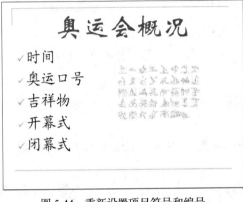

图 5-44　重新设置项目符号和编号

图 5-45　第 3 张幻灯片

- **制作第三张幻灯片——奥运会时间**

（10）插入新幻灯片。

（11）在文本框中输入"伦敦奥运会时间"，设置文本格式"华文新魏"，字号 54，居中；在内容文本框中输入："举办时间："，设置文本格式"华文新魏"，字号44，蓝色，输入"2012 年 7 月 27 日至 8 月 12 日"，设置文本格式"华文新魏"，字号 44，棕色。

（12）插入图片。

选择"插入"→"图片"→"来自文件…"命令，弹出"插入图片"对话框，插入"奥运会3.jpg"，调整图片大小和位置。第 3 张幻灯片如图 5-45 所示。

- **制作第 4~第 7 张幻灯片**

（13）按照第 3 张幻灯片的制作步骤，制作第 4~第 7 张幻灯片，如图 5-46~图 5-49 所示。

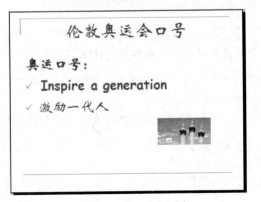

图 5-46　第 4 张幻灯片

图 5-47　第 5 张幻灯片

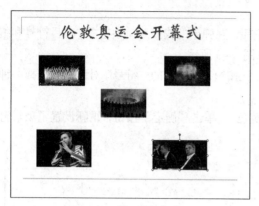

图 5-48 第 6 张幻灯片

图 5-49 第 7 张幻灯片

- **设置超链接**

① 选择第 2 张幻灯片，选中"时间"，单击鼠标右键，在弹出的快捷菜单中选择"超链接…"命令。

② 弹出"插入超链接"对话框，选择"本文档中的位置"，在窗口中选择"幻灯片标题"为"伦敦奥运会时间"的幻灯片，如图 5-50 所示。

③ 单击"确定"按钮。为"时间"文本设置了超链接，文本显示为蓝色（或其他颜色），有"下划线"。当鼠标指针置于超链接文本处时，指针会显示为手形。

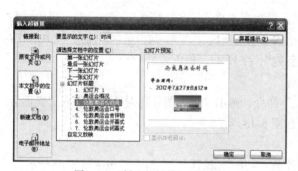

图 5-50 "插入超链接"对话框

图 5-51 设置超链接的文本

可以使用"插入"→"超链接…"命令设置超链接，快捷键为 Ctrl+K。

④ 播放当前的幻灯片，查看效果。

单击超链接文本"时间"，将播放第 3 张幻灯片。单击鼠标右键，在快捷菜单中选择"结束放映"命令或按 Esc 键结束幻灯片放映。

- **为其他文本设置超链接**

用同样的方法，为第 2 张幻灯片的其他文本设置超链接。设置链接后的第 2 张幻灯片如图 5-51 所示。

- **为其他幻灯片设置超链接**

为了能从链接后的幻灯片处再返回到第 2 张幻灯片，可以为其他幻灯片设置超链接。

选择第 3 张幻灯片，选中图片，单击鼠标右键，在弹出的快捷菜单中选择"超链接…"，或按快捷键"Ctrl+K"，弹出"插入超链接"对话框，在"本文档中的位置"选择"奥运会概况"幻灯片。

用同样的方式为第 4～第 7 张幻灯片的图片设置链接，均链接到"奥运会概况"幻灯片。

- **保存演示文稿**

完成【内容 6】所示的演示文稿的制作，选择"文件"→"保存"命令，输入文件名为"伦敦奥运会.ppt"，单击"保存"按钮，完成演示文稿的保存。

- **放映演示文稿**

【能力拓展】

可以为绿色校园宣传月、全运会等制作演示文稿。

四、实验练习及要求

1．设置幻灯片的动画效果。

要求：

（1）用"根据内容提示向导"的"销售/市场|市场计划"向导建立一个演示文稿。

（2）从中挑出第 1、3、5、7 张幻灯片。

（3）设计幻灯片切换为"溶解"方式。

（4）放映方式选择"循环放映"。

2．模拟毕业论文答辩、企业培训讲解或公司产品介绍，制作一组完整的演示文稿。

要求：

（1）第一张为标题页，含有主标题和副标题。

（2）第二张为目录页，且与后面的章节建立超链接。

（3）幻灯片内容要丰富充实、层次清楚、背景美观、图文并茂。

（4）幻灯片要采用不同的版式和模板设计，插入各种图片、艺术字、表格、图表及多媒体信息。

（5）幻灯片要添加切换效果和动画效果。

（6）设置放映方式为"演讲者放映"，放映选项为"循环放映"。

五、实验思考

1．建立演示文稿有几种方法？建立好的幻灯片能否改变其幻灯片的版式？

2．对于已插入演示文稿中的"图片"、"图表"、"组织结构图"等，有单击和双击两种选定操作，这两种方式有何不同？

3．在自定义动画对话框中有哪些功能可定义？

4．在 PowerPoint 中，同一个演示文稿能同时打开两次吗？

5．怎样为幻灯片设置背景和配色方案？

6．如何在幻灯片中添加动画效果？插入超链接的方法有几种？

实验 2 PowerPoint 的高级操作

一、实验目的

1. 熟悉幻灯片母版的制作及应用。
2. 掌握演示文稿的打包与发布。

二、实验准备

1. 熟悉演示文稿的基本操作。
2. 准备制作演示文稿的相关素材（文字、图片、声音等）。
3. 在某个磁盘（如 E:\）下创建自己的文件夹，命名为"学号_班级_姓名_演示文稿"，用于存放练习文件。

三、实验内容及步骤

【内容 1】设计幻灯片的母版

【知识点链接】

根据设计内容的不同，要选择不同的幻灯片设计模板，如果 PowerPoint 2003 自带的设计模板不能满足需要，可以自己制作幻灯片的母版。

【操作步骤】

（1）幻灯片母版视图。

新建演示文稿，选择"视图"→"母版"→"幻灯片母版"命令，打开幻灯片母版视图，如图 5-52 所示。

图 5-52 幻灯片母版视图

图 5-53 重新设置字体的幻灯片母版

（2）设置字体。

① 选择标题文本框，设置母版标题字体为"华文新魏"，44 号。

② 选择内容文本框，设置内容字体为"楷体_GB2312"，28 号，如图 5-53 所示。

（3）设置幻灯片背景。

① 在幻灯片的空白处单击鼠标右键，弹出快捷菜单，选择"背景"命令。

② 在"填充效果"对话框中选择"图案"标签，选择一种图案作为背景，如图 5-54 所示。

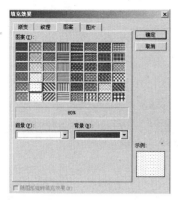

图 5-54　选择"图案"背景

图 5-55　设置幻灯片背景

③ 单击"确定"按钮，完成幻灯片背景的设置，如图 5-55 所示。

④ 选择幻灯片下端的"页脚区"文本框，在文本框中输入"计算机基础"，设置颜色为红色。

　　　背景还可以设置其他颜色、图片等，应结合实际进行设置。

（4）在幻灯片母版中插入对象。

要使每一张幻灯片都出现某个对象，可以向母版中添加该对象。

选择"插入"→"图片"→"自选图形"菜单命令，或者在工具栏中单击"自选图形"按钮，插入"十字星"，如图 5-56 所示。

图 5-56　在母版中插入自选图形

图 5-57　选择"重命名母版"按钮

　　　在幻灯片母版中插入的对象只能在母版状态下编辑，其他状态下无法对其进行编辑。

（5）重命名幻灯片母版。

① 在"幻灯片母版视图"的工具栏上单击"重命名母版"按钮，如图 5-57 所示。

② 弹出"重命名母版"对话框，在"母版名称"文本框中输入"jsj"，如图 5-58 所示。

图 5-58　"重命名母版"对话框　　　　　　　图 5-59　"另存为"对话框

③ 单击"重命名"按钮，完成命名。

（6）保存幻灯片模板。

选择"文件"→"另存为..."命令，弹出"另存为"对话框，选择保存类型为"演示文稿设计模板"，默认的保存路径为 Office 安装目录下的 Templates，也可以选择特定的路径（如 E:\）保存模板文件。文件名设为"ppt实验.pot"，如图 5-59 所示。

（7）关闭母版视图，返回到普通视图，输入文本，如图 5-60 所示。

（8）插入新幻灯片。

插入的幻灯片默认采用设置好的母版版式，如图 5-61 所示。

图 5-60　幻灯片的普通视图　　　　　　　图 5-61　插入的新幻灯片

【内容 2】将【内容 1】演示文稿"新年贺卡"打包

【知识点链接】

将演示文稿打包，可以在不启动 PowerPoint 的情况下直接播放演示文稿。

【操作步骤】

（1）打开【内容 1】"新年贺卡"演示文稿，选择"文件"→"打包成（CD）..."命令，如图 5-62 所示，弹出"打包成 CD"对话框（见图 5-63），在"将 CD 命名为"文本框中输入"新年贺卡 CD"。

图 5-62　选择"打包成 CD"命令

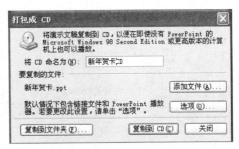

图 5-63　"打包成 CD"对话框

（2）单击"选项"按钮，打开"选项"对话框，如图 5-64 所示。在对话框中可以设置打开文件和修改文件的密码来保护 PowerPoint 文件，单击"确定"按钮。

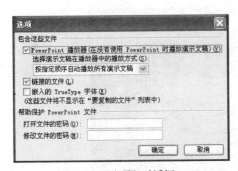

图 5-64　"选项"对话框

图 5-65　打包后的文件夹内容

（3）在"打包成 CD"对话框中选择"复制到文件夹…"按钮，弹出对话框，单击"浏览"按钮，选择"自己的文件夹"，单击"确定"按钮，将文件复制到此文件夹中。关闭对话框。

（4）打包后的文件夹内容如图 5-65 所示。

（5）播放演示文稿。

① 在打包后的文件夹中用鼠标双击"play"批处理文件，可以直接播放演示文稿。

② 在打包后的文件夹中用鼠标双击"pptview"文件，在弹出的对话框中单击"新年贺卡.ppt"并打开，也可以直接播放演示文稿。

【内容 3】发布【内容 6】演示文稿"伦敦奥运会"

【知识点链接】

随着 Internet 技术的发展，在网上发布演示文稿也很有意义。

【操作步骤】

（1）打开【内容 6】"伦敦奥运会"演示文稿，选择"文件"→"另存为网页"命令，弹出"另存为"对话框，在"保存类型"下拉列表中选择"单个文件网页"，如图 5-66 所示。

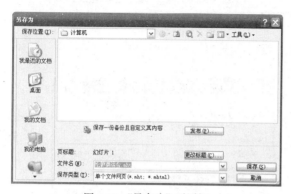

图 5-66　"另存为"对话框

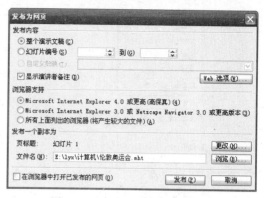

图 5-67　"发布为网页"对话框

（2）在"文件名"文本框中输入文件名称，在"保存位置"下拉列表中选择保存文件的路径。

（3）默认情况下，网页的标题是演示文稿的标题，如果要更改标题，可以单击"更改标题"按钮，在弹出的对话框中输入新标题，单击"确定"按钮，即可使标题更改成功。

（4）单击"发布"按钮，弹出"发布为网页"对话框，如图 5-67 所示。

（5）单击"发布"按钮开始发布。

（6）打开"伦敦奥运会.mht"，效果如图 5-68 所示。

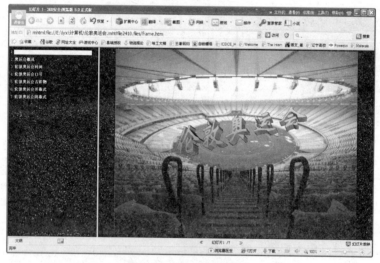

图 5-68　发布后的效果图

【内容 4】制作片头动画和片尾字幕

【知识点链接】

在 PowerPoint 中，利用动画效果的制作也可以制作出好看的动画。

【操作步骤】

（1）准备好一张图片，并进行适当的处理。

（2）新建演示文稿，在第一张幻灯片处选择"插入"→"图片"→"来自文件"命令，打开"插入图片"对话框，如图 5-69 所示，选择一张图片，单击"插入"按钮，将图片插入幻灯片中，如图 5-70 所示。

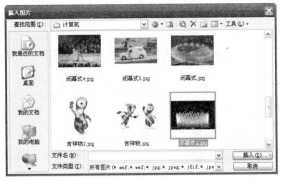
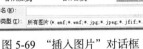

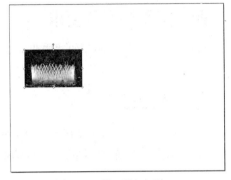

图 5-69　"插入图片"对话框　　　　　　　　图 5-70　第一张幻灯片

（3）选择图片，单击鼠标右键，在弹出的快捷菜单中选择"自定义动画"命令，如图 5-71 所示。

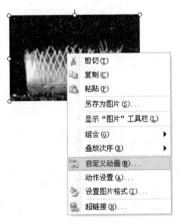

图 5-71　选择"自定义动画"命令　　　　　图 5-72　动画效果设置

（4）在自定义窗格中选择"添加效果"，设置动画效果为"缓慢进入，自右侧，从上一项之后开始"，如图 5-72 所示。

（5）调整图片，将图片放在工作区左侧边缘外，如图 5-73 所示。

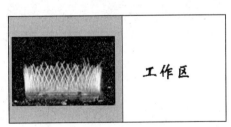

图 5-73　将图片移至工作区外

（6）选择"插入"→"图片"→"来自文件"命令，插入第二张图片，重复（2）~（4）步骤。

（7）重复后续图片的插入。

片头图片不能太多，动画效果不能太快，否则视觉效果不好。

四、实验练习及要求

将在"实验 1"中制作的"毕业论文答辩"、"企业培训讲解"或"公司产品介绍"等演示文稿进行打包。

五、实验思考

1．如何将一个演示文稿在另一台未安装 PowerPoint 软件的计算机上演示？

2．如何为一个演示文稿中的不同幻灯片设置不同的母版？

第6章

Access 数据库基础

本章实验基本要求

- 掌握 Access 数据库软件的基本操作。
- 了解 Access 数据库窗口的基本组成。
- 掌握创建 Access 数据库和数据表的方法。
- 学会数据表的维护操作。
- 掌握表属性的设置。
- 掌握记录的编辑、排序和筛选。
- 掌握索引和关系的建立。
- 掌握创建查询的各种方法。

实验 1　Access 软件的启动与退出

一、实验目的

1. 熟练掌握 Access 的启动与退出的方法。
2. 熟悉 Access 窗口菜单、工具栏的使用。

二、实验准备

在某个磁盘（如 E:\）下创建自己的文件夹，命名为"学号_班级_姓名_Access"，用于存放练习文件。

三、实验内容及步骤

【内容 1】启动 Access 应用程序

【操作步骤】

Access 的启动与 Office 中其他应用程序的启动方法相同。其中，最常用的两种方法如下。

方法 1：使用"开始"菜单

单击"开始"菜单，依次指向"所有程序"→"Microsoft Office"，单击"Microsoft Access"，打开如图 6-1 所示的 Access 工作窗口。

方法 2：利用桌面上的快捷方式图标

如果在安装 Access 时已经选择创建桌面快捷方式图标 ，则直接单击该图标，即可启动 Access。

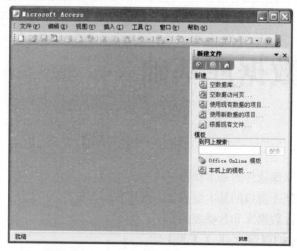

图 6-1　Access 工作窗口

【内容 2】熟悉 Access 的窗口

打开"文件"、"编辑"、"视图"、"插入"、"工具"、"窗口"、"帮助"等几个菜单，了解菜单的基本组成及其任务窗格的使用。

【内容 3】退出 Access 工作环境

【操作步骤】

要退出 Access，可选择如下操作方法之一来完成。

方法 1：单击窗口右上角的"关闭"按钮。

方法 2：双击窗口左上角的控制菜单图标按钮。

方法 3：执行"文件"菜单中的"退出"命令。

四、实验练习与要求

1．选择两种以上的方式启动 Access 系统。

2．利用菜单、按钮等不同的方式关闭 Access 系统。

3．了解 Access 的基本窗口和组成。

实验 2　创建数据库及数据表

一、实验目的

1．掌握创建数据库和数据表的方法。

2．选择设置数据库表的主键。

3．表记录的数据类型设置分析。

二、实验准备

在某个磁盘（如 E:\）下创建自己的文件夹，命名为"学号_班级_姓名_Access"，用于存放练习文件。

三、实验内容及步骤

【内容 1】建立"出版社图书管理"数据库

【操作步骤】

（1）单击"开始"菜单，依次指向"所有程序"→"Microsoft Office"，单击"Microsoft Access"，打开 Access 工作窗口，如图 6-1 所示。

（2）单击"任务窗格"中的"空数据库"选项，打开数据库文件保存对话框，如图 6-2 所示。系统默认的存放位置是"我的文档"，操作者可以自己选择文件保存位置（如自己的文件夹），在"文件名"处输入"出版社图书管理"。

图 6-2　数据库文件保存对话框

（3）单击"创建"按钮，打开"数据库"窗口，如图 6-3 所示。

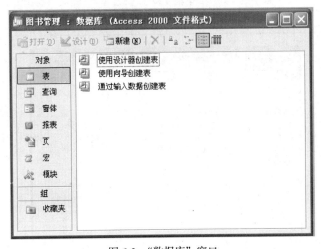

图 6-3　"数据库"窗口

【内容2】创建数据库的表：ts图书表

【操作步骤】

（1）在图6-3所示的"数据库"窗口中单击左侧"对象"的"表"选项。

（2）双击"使用设计器创建表"选项，打开"表设计"视图，如图6-4所示。

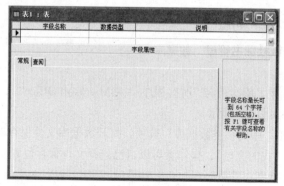

图6-4 "表设计"视图

（3）在"表设计"视图中，按照表6-1的表结构输入"字段名称"，选择"数据类型"，设置"字段属性"等内容，则"ts图书表"的表结构设计如图6-5所示。

表6-1 ts图书表的表结构

字 段	字 段 名	类 型	字段大小	小 数 位	索 引	null
1	书号	文本型	5		主索引	否
2	书名	文本型	20			否
3	出版社	文本型	16			否
4	书类	文本型	6			否
5	作者	文本型	14			否
6	出版日期	日期/时间型				否
7	库存	数字型	整型			否
8	单价	数字型	单精度型	2		否
9	备注	备注				否

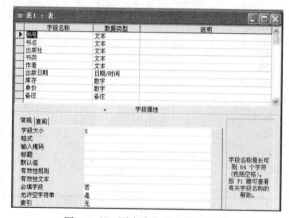

图6-5 "ts图书表"的表结构设计

（4）单击"保存"工具按钮，打开"另存为"对话框，如图 6-6 所示。在"表名称"文本框中输入"ts图书表"，单击"确定"按钮。

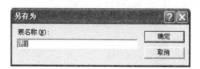

图 6-6　"另存为"对话框

【内容 3】定义数据表的主键

【操作步骤】

（1）在【内容 2】的操作中，由于没有指定 ts 图书表的主键，当单击"确定"按钮后，会弹出是否定义主键的提示信息框，如图 6-7 所示。

图 6-7　提示信息框

（2）单击"是"按钮，系统会自动添加"编号"字段，数据类型为"自动编号"，并设其为主键，如图 6-8 所示。"编号"字段名称的左侧有一个小钥匙标志，说明该字段为系统设置的主键字段。

若单击"否"按钮，则不定义主键（但是以后还可以通过其他途径来定义主键）。

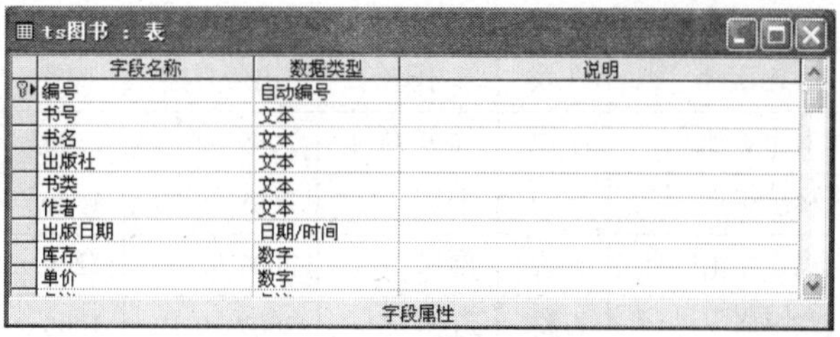

图 6-8　系统默认定义主键

（3）通常用户会根据表的具体情况来定义属于表的主键，如将 ts 图书表的"书号"字段定义为主键，则右键单击"书号"字段，在弹出的快捷菜单（见图 6-9）中选择"主键"命令。

图 6-9　字段的快捷菜单

（4）在"说明"栏中输入"主键"，定义效果如图6-10所示。

图6-10　用户自定义主键

【内容4】输入数据表的记录

【操作步骤】

（1）在图6-3所示的"数据库"窗口中选择"ts图书表"。

（2）单击"数据库"窗口中的"打开"工具按钮，打开表记录输入窗口，如图6-11所示。

图6-11　输入表记录窗口

（3）按照表6-2所示的ts图书表的记录内容输入各字段的值，如图6-11所示。

表6-2　　　　　　　　　　　　　　ts图书表的表记录

书号	书名	出版社	书类	作者	出版日期	库存	单价	备注
s0001	傲慢与偏见	海南出版社	小说	简.奥斯汀	2009-02-04	2300	23.5	已预定300册
s0002	安妮的日记	译林出版社	传记	安妮	2008-05-08	1500	18.5	
s0003	悲惨世界	人民文学出版社	小说	雨果	2007-08-09	1200	30.00	
s0004	都市消息	三联书店	百科	红丽	2007-10-12	1000	20.00	
s0005	黄金时代	花城出版社	百科	崔晶	2009-05-25	800	15.00	
s0006	我的前半生	人民文学出版社	传记	溥仪	1995-08-09	850	29.00	
s0007	茶花女	译林出版社	小说	大仲马	1998-10-21	1300	35.00	

四、实验练习与要求

1. 建立"出版社图书管理"数据库的数据表。

（1）创建"出版社图书管理"数据库的xs销售表和gk顾客表，表结构设计参考表6-3和表6-5。

（2）指定各表的主键。

（3）参照表6-4和表6-6提供的记录，输入xs销售表和gk顾客表的内容。

表 6-3　　　　　　　　　　　　　　　　xs 销售表的表结构

字　段	字　段　名	类　　型	字段大小	小　数　位	索　引	null
1	书号	文本型	5			否
2	顾客号	文本型	5			否
3	订购日期	日期/时间型				否
4	册数	数字型	整型			否
5	应付款	数字型	单精度	2		否

表 6-4　　　　　　　　　　　　　　　　xs 销售表的表记录

书　号	顾　客　号	订购日期	册　数	应　付　款
s0004	g0001	2008-12-01	500	
s0002	g0002	2009-08-09	300	
s0003	g0003	2007-12-10	400	
s0007	g0004	1999-01-05	550	
s0001	g0005	2008-12-05	800	
s0004	g0005	2009-08-09	300	
s0007	g0003	1999-05-20	300	
s0002	g0001	2008-12-10	800	
s0003	g0004	2007-09-10	400	

表 6-5　　　　　　　　　　　　　　　　gk 顾客表的表结构

字　段	字　段　名	类　　型	宽　度	小　数　位	索　引	null
1	顾客号	文本型	5			否
2	单位	文本型	10			
3	联系人	文本型	8			否
4	电话	文本型	12			否

表 6-6　　　　　　　　　　　　　　　　gk 顾客表的表记录

顾　客　号	单　　位	联　系　人	电　话
g0001	新华书店	小米	024-66667777
g0002	图书城	李月	021-99998888
g0003	新新书店	赵刚	024-66665555
g0004	小小书店	李倩	18930301102
g0005	科普书店	王宏	13940408802
G0006	文艺书店	张丽	13066667777

2．创建数据库。

要求：

（1）创建以下的数据库。

（2）各数据库至少创建两个数据表，各数据表的结构及记录内容可参照书中给出的参考表，也可自行分析设计。

（3）定义各个数据表的主键。

（4）输入数据表的内容。

各数据库内容如下。

① 学生信息数据库：包括学生信息表、专业信息表等。其中学生信息表的参考结构及记录如表 6-7 所示。

表 6-7　　　　　　　　　　　　　学生信息表的结构及记录

姓　　名	性　　别	学　　号	录取专业	出生年月
田野	男	0910	营销	1989.9
赵亮	女	0911	会计	1988.8
黄海	女	0912	自动化	1989.7
邢程	男	0913	自动化	1987.6

② 职工信息数据库：包括职工信息表、工作时间表等。其中职工信息表的参考结构及记录如表 6-8 所示，工作时间表中包含"编号"、"参加工作时间"等信息。

表 6-8　　　　　　　　　　　　　职工信息表的结构及记录

姓　　名	编　　号	部　　门	年　　龄	参加工作时间
胡楠	9612	校办	25	1997
武汉	9801	财务处	32	1981
金树	9524	房管处	34	1995
林迪	9512	外办	40	1978

③ 教师信息数据库：包括教师信息表、电话号码表等。其中教师信息表的参考结构及记录如表 6-9 所示，电话号码表包含"编号"、"电话"等信息。

表 6-9　　　　　　　　　　　　　教师信息表的结构及记录

编　　号	姓　　名	性　　别	职务（职称）	单　　位	电　　话
9621	何力	男	教授	机械系	024-66667678
9801	张扬	女	副教授	化学系	024-99998888
9524	黎明	女	讲师	管理系	024-55267314
9312	高彭	男	处长	人事处	0214-66885623

④ 学生成绩数据库：包括学生自然情况表、成绩表等，其中学生自然情况表参考结构及记录如表 6-10 所示，成绩表包括学号、高数、英语、体育等信息。

表 6-10　　　　　　　　　　　　学生自然情况表的结构及记录

学　　号	姓　　名	专　　业	班　　级	家庭住址	电　　话	父母姓名
06101	常清清	计算机	061	沈阳市	18930301102	常立功
06102	李静	机械	062	天津市	13940408802	李为民
06111	郝欣	化工	063	北京市	13066667777	郝丽
06113	赵澎	计算机	061	天津市	18933331102	赵宏

3. 建立"学生管理数据库"的数据表

（1）创建"学生管理"数据库的 xs 学生表和 kc 课程表，表结构设计参考表 6-11 和表 6-12。

（2）指定各表的主键。

（3）参照提供的记录，输入相应表的内容，"成绩"表如表 6-13 所示。

表 6-11　　　　　　　　　　　　　　　　"xs"表

学　号	姓　　名	性　　别	出生日期	专　　业
201201	王鹏	男	1992 年 3 月 6 日	计算机信息管理
201202	刘小红	女	1995 年 5 月 18 日	国际贸易
201203	陈芸	女	1993 年 2 月 10 日	国际贸易
200204	徐涛	男	1994 年 6 月 15 日	计算机信息管理
201205	张春晖	男	1992 年 8 月 27 日	电子商务
202106	祁佩菊	女	1990 年 7 月 11 日	电子商务

表 6-12　　　　　　　　　　　　　　　　"kc"表

课　程　号	课　程　名	学　时　数	学　　分
501	大学语文	70	4
502	高等数学	90	5
503	基础会计学	80	4

表 6-13　　　　　　　　　　　　　　　　"成绩"表

学　号	课　程　号	成　绩
201201	501	88
201201	502	77
201201	503	79
201202	501	92
201202	502	91
201202	503	93
201203	501	85
201203	502	93
201203	503	66
201204	501	81
201204	502	96
201204	503	75
201205	501	72
201205	502	60
201205	503	88
201206	501	95
201206	502	94
201206	503	80

实验 3　数据表的维护

一、实验目的

1．掌握数据表中数据的编辑，即添加、删除和修改记录。

2．掌握数据表中数据的排序。

二、实验准备

1．熟悉"出版社图书管理"数据库中的数据表。

2．了解数据表记录的编辑、排序方法。

3．在某个磁盘（如 E:\）下创建自己的文件夹，命名为"学号_班级_姓名_Access"，用于存放练习文件。

三、实验内容及步骤

【内容 1】添加、修改、删除数据表的记录

要求：

对"出版社图书管理"数据库中的"ts 图书表"进行如下操作。

（1）添加一条记录：书号：S0008；书名 ：鲤上瘾；作者： 张悦然；出版社：江苏文艺出版社；书类：小说；出版时间：2010-3-1；库存：200；单价：25.00。

（2）修改一条记录。

（3）删除一条记录。

【操作步骤】

（1）添加记录操作步骤如下。

① 打开"出版社图书管理"数据库，如图 6-12 所示。

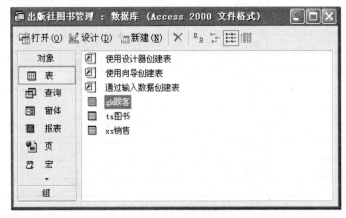

图 6-12　数据库窗口

② 双击需要添加记录的"ts 图书"表，弹出如图 6-13 所示的数据表视图。

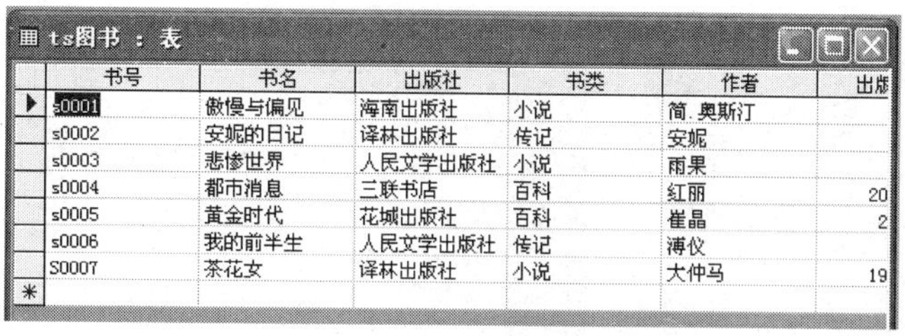

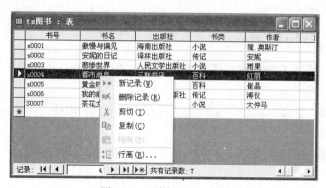

图 6-13 "ts 图书表数据"视图

③ 在图 6-13 中的最后一条记录下方的空白处单击，按要求添加新记录内容，如图 6-14 所示。

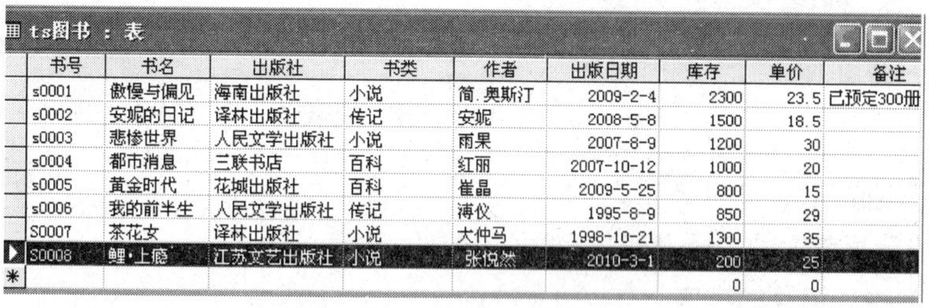

图 6-14 添加新记录的 ts 图书表

（2）删除记录操作步骤如下。

选中要删除的某条记录，例如图 6-15 中的第 4 条记录。右键单击该记录，选择"删除记录"命令，可以将该记录删除。

图 6-15 "删除记录"命令

（3）修改记录。

任意单击需要修改的数据项，进入编辑状态，可进行记录的修改。

【内容 2】修改数据表的结构

要求：

（1）在"出版社图书管理"数据库的"图书表"中添加新的字段"读者反馈"。

（2）在"图书表"中删除字段"书类"。

【操作步骤】

（1）打开"出版社图书管理"数据库的"图书表"，右键单击需要删除的字段（如"书类"），如图 6-16 所示。

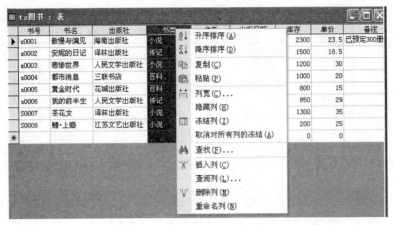

图 6-16 选中字段及其快捷菜单

（2）选择"删除列"，即可删除该字段。

（3）选择快捷菜单中的"插入列"，就可以添加一个新的字段。

【内容3】数据表记录的排序

要求：

对"出版社图书管理"数据库的"图书表"按照单价进行排序。

【操作步骤】

（1）单击"ts图书表"中的"单价"字段。

（2）选择右键快捷菜单中的"升序排序"。

四、实验练习与要求

1. 编辑"出版社图书管理"数据库的"gk顾客"表的记录。

（1）添加一个新的记录，内容为：

"顾客号：S0008；单位：XX大学图书馆；联系人：未知；电话：1389888888"

（2）修改顾客赵刚的电话为：0246666999。

2. 在"出版社图书管理"数据库的"ts图书"表中添加一条新记录。

内容为：

"书名：温度决定生老病死；出版社：江苏文艺出版社；出版时间：2008-4-1；定价：￥29.00"。

3. 修改"出版社图书管理"数据库的"xs销售"表的表结构。

（1）添加一个新字段：缴纳订书款（数字型），单精度。

（2）删除xs销售表中的"订购日期"字段。

4. 对"出版社图书管理"数据库的"xs销售"表按照"册数"字段排序。

实验4　数据表字段的冻结与隐藏

一、实验目的

1. 掌握表中字段的冻结。

2. 掌握表中字段的隐藏。

二、实验准备

1. 在某个磁盘（如 E:\）下创建自己的文件夹，命名为"学号_班级_姓名_Access"，用于存放练习文件。

2. 将"出版社图书管理"数据库复制到自己的文件夹下。

三、实验内容及步骤

【内容 1】数据表中字段的冻结与取消冻结

要求：

冻结"出版社图书管理"数据库中"ts 图书"表的"书名"字段，然后取消对该字段的冻结。

【操作步骤】

- 冻结字段的操作步骤如下。

（1）打开"出版社图书管理"数据库，并打开"ts 图书"数据表，如图 6-17 所示。

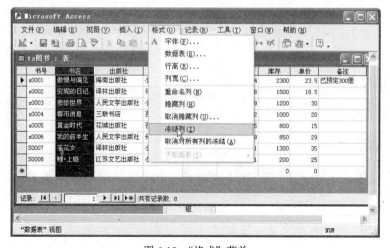

图 6-17 "ts 图书"表

（2）单击要冻结的字段"书名"，单击"格式"菜单的"冻结列"命令，如图 6-18 所示。

图 6-18 "格式"菜单

（3）这样,"书名"字段就被选定了,并且处于"冻结"状态,不能被拖动到其他位置,如图
6-19 所示。

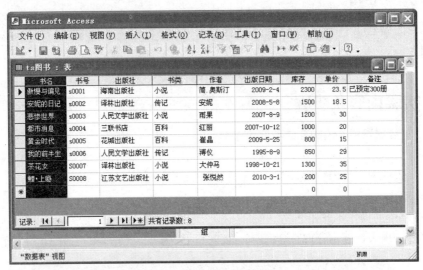

图 6-19 "书名"列被冻结

- 取消字段冻结的操作为：单击"格式"菜单,选择"取消对所有列的冻结"命令（见图
6-18）,即可以取消对列的冻结。

【内容 2】数据表中字段的隐藏与取消隐藏

要求：

隐藏"出版社图书管理"数据库中"ts 图书"数据表中的"出版社"字段,然后取消对该字
段的隐藏。

【操作步骤】

（1）隐藏字段（列）：单击要隐藏的"出版社"字段,选择"格式"菜单→"隐藏列"
命令。

（2）取消隐藏：选择"格式"菜单→"取消隐藏列"命令即可。

实验 5　建立表间关系

一、实验目的

掌握建立表间关系的方法。

二、实验准备

1. 在某个磁盘（如 E:\）下创建自己的文件夹,命名为"学号_班级_姓名_Access",用于存
放练习文件。

2．将"出版社图书管理"数据库复制到自己的文件夹。

3．分析各表之间的数据相关性。

三、实验内容及步骤

【内容】建立表的关系

要求：

（1）建立表"ts 图书"与表"xs 销售"间的关系。

（2）建立"xs 销售"表与"gk 顾客"表间的关系。

分析：

（1）表 ts 图书与 xs 销售有相同字段"书号"，可利用该字段进行关联。

（2）xs 销售表与 gk 顾客表有相同字段"顾客号"，可利用该字段建立关联。

ts 图书表和 xs 销售表分别如表 6-14 和表 6-15 所示。

表 6-14　　　　　　　　　　　　　　ts 图书表的结构及记录

书号	书名	出版社	书类	作者	出版日期	库存	单价	备注
s0001	傲慢与偏见	海南出版社	小说	简.奥斯汀	2009-02-04	2300	23.5	已预定 300 册
s0002	安妮的日记	译林出版社	传记	安妮	2008-05-08	1500	18.5	
s0003	悲惨世界	人民文学出版社	小说	雨果	2007-08-09	1200	30.00	
s0004	都市消息	三联书店	百科	红丽	2007-10-12	1000	20.00	
s0005	黄金时代	花城出版社	百科	崔晶	2009-05-25	800	15.00	
s0006	我的前半生	人民文学出版社	传记	溥仪	1995-08-09	850	29.00	
s0007	茶花女	译林出版社	小说	大仲马	1998-10-21	1300	35.00	

表 6-15　　　　　　　　　　　　　　xs 销售表的结构及记录

书　号	顾　客　号	订购日期	册　数	应　付　款
s0004	g0001	2008-12-01	500	
s0002	g0002	2009-08-09	300	
s0003	g0003	2007-12-10	400	
s0007	g0004	1999-01-05	550	
s0001	g0005	2008-12-05	800	
s0004	g0005	2009-08-09	300	
s0007	g0003	1999-05-20	300	
s0002	g0001	2008-12-10	800	
s0003	g0004	2007-09-10	400	

【操作步骤】

（1）打开"出版社图书管理"数据库→单击菜单"工具"→选择"关系"，打开"关系"及"显示表"对话框，如图 6-20 所示。分别选择 gk 顾客表、ts 图书表和 xs 销售表，并单击"添加"按钮，把它们都添加到"关系"对话框上。

（2）在"gk 顾客"字段列表中选择"顾客号"，然后按住鼠标左键并拖动到"xs 销售"表中的"顾客号"上，松开鼠标左键。这样在两个列表间就出现一条"折线"，如图 6-21 所示。

（3）按步骤（2）的方法建立"xs 销售"表与"ts 图书"表的关系。

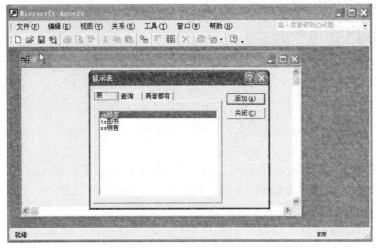

图 6-20 "关系"及"显示表"对话框

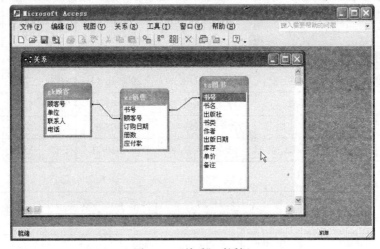

图 6-21 "关系"对话框

四、实验练习及要求

1. 建立"学生信息"数据库，其表结构如表 6-16 所示。

表 6-16　　　　　　　　　　　　学生表的表结构及记录

学　号	姓　名	专　业	班　级	家庭住址	电　话	父母姓名	外　语	体　育
06101	常清清	计算机	061	沈阳市	23456	常立功	88	76
06102	李静	机械	062	天津市	23456	李为民	86	90
06111	郝欣	化工	063	北京市	23457	郝丽	90	70
06113	赵澎	计算机	061	天津市	23457	赵宏	78	70

2. 建立如下数据表。

（1）学生表：包括"学号"、"姓名"、"专业"等字段，如表 6-16 所示。

（2）成绩单表：包括"学号"、"班级"、"外语"、"体育"等字段。

（3）学生自然情况表：包括"学号"、"家庭住址"、"电话"等字段。

3．建立上述 3 个表之间的关系。

4．分析表 6-11、表 6-12、表 6-13 的内在关系，建立起 3 个表之间的关系。

实验 6　查询

一、实验目的

1．掌握创建简单查询的方法。

2．掌握表的有条件查询。

3．掌握表的参数查询。

二、实验准备

1．在某个磁盘（如 E:\）下创建自己的文件夹，命名为"学号_班级_姓名_Access"，用于存放练习文件。

2．将"出版社图书管理"数据库复制到自己的文件夹。

3．分析各表之间的数据相关性。

三、实验内容及步骤

【内容 1】创建简单查询

要求：

对"出版社图书管理"数据库建立一个简单查询文件，显示顾客的图书订购信息。

分析：

要查询顾客的订书信息，显然要用到 ts 图书表，还要用到 gk 顾客表，那么两个独立的表怎么才能关联到一起呢？这就用到了前面学习过的表之间的关联。在顾客表中存在顾客号字段，xs 销售表里也有顾客号字段，利用它们之间的对应关系可以建立关联，在此基础上，利用 xs 销售表中的书号字段与 ts 图书表中的书号字段再建立关联，就形成了 3 个表之间对应关系。

【操作步骤】

（1）打开"出版社图书管理"数据库。在数据库窗口中单击"对象"列表中的"查询"对象，显示"在设计视图中创建查询"和"使用向导创建查询"选项，如图 6-22 所示。

（2）鼠标双击"在设计视图中创建查询"选项，同时弹出"查询"和"显示表"两个对话框，如图 6-23 所示。

（3）"显示表"对话框中的"表"选项卡中列出了该数据库的全部表，选择需要用到的表，如 ts 图书表，单击"添加"按钮。用同样方法依次添加好需要的表后单击"关闭"按钮，打开如图 6-24 所示的查询视图。

图 6-22　数据库的查询对象

图 6-23 "查询"和"显示表"对话框

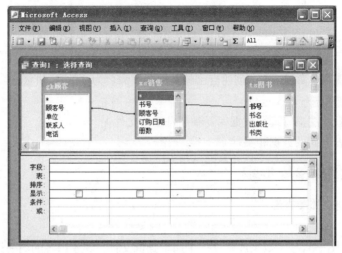

图 6-24 查询视图

（4）由于上次实验已经建立过表之间的关系，所以在图 6-24 中能够看到表之间的关系。单击查询设计视图中的字段项，把表中所需字段直接拖到字段行中，如图 6-25 所示。

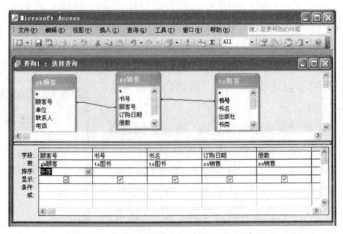

图 6-25 把表中所需字段直接拖到字段行中

（5）单击"保存"选项，弹出"另存为"对话框，如图 6-26 所示。输入查询名称"基本查询"，单击"确定"按钮，返回到图 6-22 所示的查询对象窗口。双击新建立的查询文件"基本查询"，弹出查询的结果，如图 6-27 所示。

图 6-26　"另存为"对话框

图 6-27　查询结果

【内容 2】建立一个条件查询文件

要求：

显示顾客号是 g0002 顾客的相关信息。

分析：

与【内容 1】相同，要显示某个顾客所有购书的相关信息，就要建立 ts 图书表、gk 顾客表和 xs 销售表的关联，使 3 个表之间建立起对应关系。

【操作步骤】

（1）打开"出版社图书管理"数据库。单击"对象"列表中的"查询"对象，双击"在设计视图中创建查询"选项，同时弹出"查询"和"显示表"两个对话框，如图 6-23 所示。

（2）在"显示表"对话框的"表"选项卡中选择需要用到的表，如 ts 图书表、gk 顾客表和 xs 销售表，单击"关闭"按钮，打开如图 6-24 所示的查询视图。

（3）在字段选项对话框里选择适当的字段，最后在"顾客号"列的条件栏里输入"g0002"。注意，因为数据是"字符型"，所以数据前后有一组双引号，如图 6-28 所示，然后保存查询。

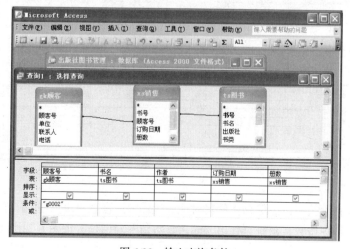

图 6-28　输入查询条件

（4）单击 Access 窗口工具栏中的运行按钮，即可查看查询的结果，如图 6-29 所示。

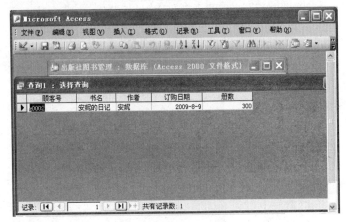

图 6-29　条件查询结果

分析查询结果：

由表 xs 销售能够看出，顾客号为 g0002 的顾客只订购了书号为 s0002 的书 300 册。由表 ts 图书表可知，书号是 s0002 的书的名称是《安妮的日记》，作者是安妮。所以图 6-29 的查询结果是正确的。

【内容 3】建立带参数的查询文件

要求：

将"顾客号"设置为查询参数，以便用户任意查询某个顾客的购书信息。

【操作步骤】

（1）按照【内容 2】的操作过程，打开如图 6-30 所示的对话框，选择查询显示字段。并在"顾客号"字段的"条件"栏中输入"【请输入顾客号：】"。注意方括号也要输入。

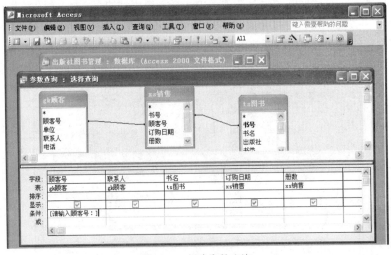

图 6-30　创建参数查询

（2）单击"保存"按钮，在保存文件名对话框里输入"参数查询"，单击"确定"按钮。

（3）单击"运行"按钮，系统会弹出"输入参数值"对话框，如图 6-31 所示。

图 6-31 "输入参数值"对话框

在对话框中输入任意一个顾客号，如 g0003 或 g0004 等，单击"确定"按钮，查询的结果如图 6-32 所示。

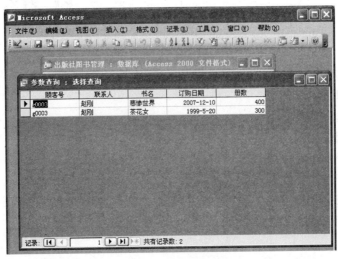

图 6-32 参数查询结果

四、实验练习及要求

1．建立简单查询。

要求：根据"出版社图书管理"数据库，显示顾客所在的单位及订购日期与数量。

2．建立条件查询。

要求：

（1）查询条件为显示顾客号为"g0001"和"g0003"的相关信息。

（2）查询文件要显示的字段请自行分析后确定。

3．建立参数查询文件。

要求：

（1）将"书名"字段设置为查询参数。

（2）查询文件要显示的字段请自行分析后确定。

第7章
计算机网络

本章实验基本要求

- 学会使用浏览器。
- 能够收发电子邮件。
- 学会使用搜索引擎。
- 了解常用网络下载方式。
- 了解局域网的组建过程。
- 掌握 IP 协议的配置方法。
- 掌握网络是否连通的测试方法。

实验 1　IE 浏览器基本操作

一、实验目的

1. 掌握 Internet Explorer 浏览器的使用方法。
2. 掌握 Internet Explorer 浏览器的常用设置。

二、实验准备

1. 什么是 WWW

WWW 是 World Wide Web 的缩写,可译成 "全球信息网" 或 "万维网",有时简称 Web。WWW 由无数的网页组合在一起,是 Internet 上的一种基于超文本的信息检索和浏览方式,是目前 Internet 用户用得最多的信息查询服务系统。

2. 浏览器（Browser）

互联网上网浏览网页内容离不开浏览器,浏览器实际上是一个软件程序,用于与 WWW 建立连接,并与之进行通信。它可以在 WWW 系统中根据链接确定信息资源的位置,并将用户感兴趣的信息资源显示出来,对 HTML 文件进行解释,然后将文字图像或者多媒体信息还原出来。

Internet Explorer 浏览器（简称 IE 浏览器）是 Microsoft 公司设计开发的一个功能强大、很受欢迎的 Web 浏览器。在 Windows XP 操作系统中内置了 IE 浏览器的升级版本 IE 6.0,与以前版本相比,其功能更加强大,使用更加方便,使用户可以毫无障碍地轻松使用。使用 IE 6.0 浏览器,用户可以将计算机连接到 Internet 上,从 Web 服务器上搜索需要的信息,浏览 Web 网页,查看源文件，收发电子邮件，上传网页等。当然还有其他一些浏览器，如 Netscape Navigator 、Mosaic 、Opera，以及近年来发展迅猛的火狐浏览器等，国内厂商开发的浏览器有腾讯 TT 浏览器、傲游浏览器（Maxthon Browser）等。

三、实验内容及步骤

【内容 1】用 IE 浏览器浏览 Web 网页

【操作步骤】

（1）双击桌面上的 IE 浏览器图标，或单击"开始"按钮，在"开始"菜单中选择"Internet Explorer"命令，即可打开"Microsoft Internet Explorer"窗口。

（2）在地址栏中输入要浏览的 Web 站点的 URL 地址（统一资源地址），可以打开其对应的 Web 主页，如图 7-1 所示。

图 7-1　"Microsoft Internet Explorer"窗口

　　　　URL 地址（统一资源地址）是 Internet 上 Web 服务程序中提供访问的各类资源的地址，是 Web 浏览器寻找特定网页的必要条件。每个 Web 站点都有唯一的一个 Internet 地址，简称为网址，其格式都应符合 URL 格式的约定。

（3）在打开的 Web 网页中，常常会有一些文字、图片、标题等，将鼠标放到其上面，鼠标指针会变成"👆"形，表明此处是一个超链接。单击该超链接，即可进入其所指向的新的 Web 页。

（4）在浏览 Web 页时，若用户想回到上一个浏览过的 Web 页，可单击工具栏上的"后退"按钮；若想转到下一个浏览过的 Web 页，可单击"前进"按钮。

【内容2】使用"收藏夹"快速打开站点

【知识点链接】

若用户想快速打开某个 Web 站点，可单击地址栏右侧的小三角，在其下拉列表中选择该 Web 站点地址即可，或者使用"收藏夹"来完成。

【操作步骤】

（1）选择工具栏上的"收藏"→"添加到收藏夹"命令，弹出如图 7-2 所示的"添加到收藏夹"对话框。

（2）在"名称"框中输入 Web 站点地址，单击"确定"按钮，将该 Web 站点地址添加到收藏夹中。

图 7-2　"添加到收藏夹"对话框

（3）若要打开该 Web 站点，只需单击工具栏上的"收藏夹"按钮，打开"收藏夹"窗格，在其中单击该 Web 站点地址；或单击"收藏夹"菜单，在其下拉菜单中选择该 Web 站点地址，即可快速打开该 Web 网页。

　直接按 Ctrl+D 组合键，可快速将当前 Web 网页保存到收藏夹中。在地址栏中输入 Web 网站地址时，输入中间的单词后，按 Ctrl+Enter 组合键可自动添加 http://www 和 .com。

【内容3】脱机阅读 Web 网页

【知识点链接】

脱机阅读就是将 Web 网页下载到本地硬盘上，然后断开与 Internet 的链接，直接通过硬盘阅读 Web 网页。对于一些有用的或想作为资料使用的 Web 网页，用户也可通过脱机阅读功能将其保存到硬盘上，供以后参考使用。

【操作步骤】

（1）打开要脱机阅读的 Web 网页。

（2）选择"文件"→"另存为"命令，打开"保存网页"对话框，如图 7-3 所示。

图 7-3　"保存网页"对话框

（3）在该对话框中，用户可设置要保存的位置、名称、类型及编码方式。

（4）设置完毕后，单击"保存"按钮，即可将该 Web 网页保存到指定位置。

（5）双击该 Web 网页，即可启动 IE 浏览器进行脱机阅读。

【内容 4】保存 Web 网页中的精美图片

【操作步骤】

（1）打开该 Web 网页。

（2）将鼠标指针指向想要保存的图片上，在出现的快捷菜单上单击"保存此图像"图标 ，或鼠标右键单击要保存的图片，在弹出的快捷菜单中选择"图片另存为"命令，将弹出"保存图片"对话框，如图 7-4 所示。

图 7-4　"保存图片"对话框

（3）在该对话框中，用户可设置图片的保存位置、名称及保存类型等。设置完毕后，单击"保存"按钮即可。

　右击 Web 网页中的图片，在弹出的快捷菜单中选择"设置为背景"命令，可以直接将该图片设置为桌面背景。

【内容 5】将图片发送给其他人

【操作步骤】

（1）打开该网页。

（2）将鼠标指向要发送的图片，在出现的快捷菜单中单击"在电子邮件中发送此图像"图标 ，或右键单击该图片，在弹出的快捷菜单中选择"电子邮件图片"命令。

（3）弹出"通过电子邮件发送照片"对话框，如图 7-5 所示。

图 7-5　"通过电子邮件发送照片"对话框

（4）在该对话框中，用户可选择发送图片的尺寸，设置完毕后，单击"确定"按钮，即可通过 Outlook 电子邮件发送软件发送到指定的地址。

【内容 6】查看历史记录

【操作步骤】

（1）启动 IE 浏览器。

（2）单击工具栏上的"历史"按钮⌛，或选择"查看"→"浏览器栏"→"历史记录"命令，或按"Ctrl+H"组合键，打开"历史记录"窗格，如图 7-6 所示。

打开"历史记录"窗格

图 7-6 "历史记录"窗格

（3）在该窗格中，用户可看到这一段时间内所访问过的 Web 站点。单击"查看"按钮，在其下拉菜单中用户可选择按日期查看、按站点查看、按访问次数或按今天的访问顺序查看。单击"搜索"按钮，可对 Web 页进行搜索。

【内容 7】查看 Web 网页的源文件

【知识点链接】

用户所看到的各种设计精美的 Web 网页其实都是用 HTML 语言编写的。HTML（HyperText Markup Language）就是超文本描述语言。在 Internet 上几乎所有的 Web 网页都是使用这种语言所编写的。

【操作步骤】

（1）启动 IE 浏览器。

（2）打开要查看其源文件的 Web 网页。

（3）选择"查看"→"源文件"命令，即可在弹出的"记事本"窗口中查看该网页的源文件信息。图 7-7 所示显示了某 Web 网页与其源文件的对比。

图 7-7 某 Web 网页与其源文件的对比

【内容8】改变 Web 网页的文字大小

【知识点链接】

在打开的 Web 网页中，默认显示的文字大小是以中号字显示的，用户也可以更改文字显示的大小，使其浏览起来更符合用户的阅览习惯。

【操作步骤】

（1）启动 IE 浏览器。

（2）打开 Web 网页。

（3）单击工具栏上的"字体"按钮 ，在其下拉菜单中选择合适的字号；或选择"查看"→"文字大小"命令，在其下一级子菜单中选择合适的字号。

（4）设置完毕后，按 F5 键刷新屏幕即可。

【内容9】解决显示乱码问题

【知识点链接】

在用户浏览 Web 网页的过程中，可能会遇到这样的问题，有些打开的网页所显示的并不是正常的文字，而是一段段的乱码，如图 7-8 所示。

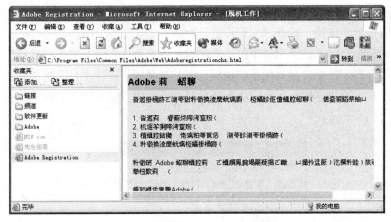

图 7-8　以乱码显示的 Web 网页

这是由于使用了不同的编码方式造成的，用户可执行下列步骤使其恢复正常显示。

【操作步骤】

（1）打开该乱码显示的 Web 网页。

（2）选择"查看"→"编码"命令，在其下一级子菜单中选择合适的编码方式即可。若用户不知道应选择哪种编码方式，也可选中"自动选择"命令，让其自动选择合适的编码方式。

【内容10】同步更新脱机 Web 页

【知识点链接】

对于下载的脱机网页，用户还可以将其设置为在以后上网时自动同步更新为 Internet 上最新的内容。

【操作步骤】

（1）打开要同步的脱机 Web 页。

（2）选择"工具"→"同步"命令，打开"要同步的项目"对话框，如图 7-9 所示。

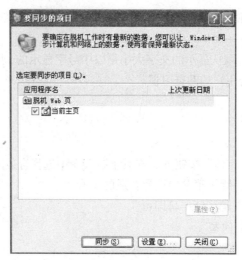

图 7-9 "要同步的项目"对话框

（3）在该对话框中，用户可在"选定要同步的项目"列表中选定要同步的项目。若选择"脱机 Web 页"选项，则同步选定脱机网页；若选择"当前主页"选项，则同步更新活动桌面。

（4）单击"设置"按钮，打开"同步设置"对话框，如图 7-10 所示。

（5）在该对话框中的"在使用这个网络连接时"下拉列表中选择"拨号连接"选项；在"同步以下选定项目"列表框中选择要同步的项目；在"自动同步所选项目"选项组中可选择"登录计算机时"或"从计算机注销时"来同步所选项目；若选中"同步项目之前发出提示"复选框，则在同步项目之前会通知用户。

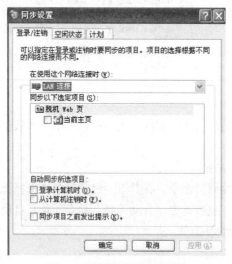

图 7-10 "同步设置"对话框

（6）设置完毕后，单击"应用"和"确定"按钮，即可回到"要同步的项目"对话框。

（7）单击"同步"按钮，即可开始同步更新所选项目。

【内容 11】设置 IE 浏览器的主页及历史记录

【操作步骤】

（1）在"控制面板"窗口中双击"Internet 选项"图标，打开"Internet 选项"对话框，单击

"常规"选项卡，如图 7-11 所示。

图 7-11　"Internet 选项"对话框

（2）单击"使用默认页"按钮，Internet Explorer 将把默认 Web 页作为主页；单击"使用空白页"按钮，将以空白页作为主页；单击"使用当前页"按钮，则将当前 Internet Explorer 窗口中打开的 Web 页作为主页。

（3）在"历史记录"选项区域中调整微调器，可改变网页保存在历史记录中的天数。例如将其值调整为 20，网页将在历史记录中保存 20 天，20 天后将被自动删除。单击"清除历史记录"按钮，可对历史记录进行清除。

若用户对 IE 浏览器的默认设置不满意，也可以更改其设置，使其更符合用户的个人使用习惯。

【内容 12】更改启动 IE 浏览器时的默认主页

【知识点链接】

在启动 IE 浏览器的同时，IE 浏览器会自动打开其默认主页，通常为 Microsoft 公司的主页。其实用户也可以自己设定在启动 IE 浏览器时打开其他的 Web 网页，具体设置可参考以下步骤。

【操作步骤】

（1）启动 IE 浏览器。

（2）打开要设置为默认主页的 Web 网页。

（3）选择"工具"→"Internet 选项"命令，打开"Internet 选项"对话框，选择"常规"选项卡，如图 7-11 所示。

（4）在"主页"选项组中单击"使用当前页"按钮，可将启动 IE 浏览器时打开的默认主页设置为当前打开的 Web 网页；若单击"使用默认页"按钮，可在启动 IE 浏览器时打开默认的主页；若单击"使用空白页"按钮，可在启动 IE 浏览器时不打开任何网页。

　　　　用户也可以在"地址"文本框中直接输入某 Web 网站的地址，将其设置为默认的主页。

【内容 13】设置历史记录的保存时间

【知识点链接】

在 IE 浏览器中，用户只要单击工具栏上的"历史"按钮，就可查看所有浏览过的网站的记录，长期下来历史记录会越来越多。这时用户可以在"Internet 选项"对话框中设定历史记录的保存时间，这样一段时间之后，系统会自动清除这一段时间的历史记录。

【操作步骤】

（1）启动 IE 浏览器。

（2）选择"工具"→"Internet 选项"命令，打开"Internet 选项"对话框。

（3）选择"常规"选项卡。

（4）在"历史记录"选项组的"网页保存在历史记录中的天数"文本框中输入历史记录的保存天数即可。

（5）单击"清除历史记录"按钮，可清除已有的历史记录。

（6）设置完毕后，单击"应用"和"确定"按钮即可。

【内容 14】进行 Internet 安全设置

【知识点链接】

Internet 的安全问题对很多人来说并不陌生，但是真正了解它并引起足够重视的人却不多。其实在 IE 浏览器中，就提供了对 Internet 进行安全设置的功能，用户使用它就可以对 Internet 进行一些基础的安全设置。

【操作步骤】

（1）启动 IE 浏览器。

（2）选择"工具"→"Internet 选项"命令，打开"Internet 选项"对话框。

（3）选择"安全"选项卡，如图 7-12 所示。

图 7-12 "安全"选项卡

（4）在该选项卡中，用户可以为 Internet、本地 Intranet（企业内部互联网）、受信任的站点以及受限制的站点设定安全级别。

（5）若用户要对 Internet 区域及本地 Intranet（企业内部互联网）设置安全级别，可选中"请为不同区域的 Web 内容指定安全设置"列表框中相应的图标。

（6）在"该区域的安全级别"选项组中单击"默认级别"按钮，拖动滑块即可调整默认的安全级别。

（7）若用户要自定义安全级别，可在"该区域的安全级别"选项组中单击"自定义级别"按钮，将弹出"安全设置"对话框，如图 7-13 所示。

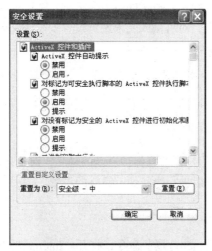

图 7-13　"安全设置"对话框

（8）在该对话框中的"设置"列表框中，用户可对各选项进行设置。在"重置自定义设置"选项组中的"设置为"下拉列表中选择安全级别，单击"重置"按钮，即可更改为重新设置的安全级别。这时将弹出"警告"对话框，如图 7-14 所示。

图 7-14　"警告"对话框

（9）若用户确定要更改该区域的安全设置，单击"是"按钮即可。

（10）若用户要设置受信任的站点或受限制的站点的安全级别，可单击"请为不同区域的 Web 内容指定安全设置"列表框中相应的图标。单击"站点"按钮，将弹出"可信站点"或"受限站点"对话框，如图 7-15 所示。

图 7-15　"可信站点"对话框

（11）在该对话框中，用户可在"将该网站添加到区域中"文本框中输入可信或受限站点的网址，单击"添加"按钮，即可将其添加到"Web 站点"列表框中。选中某 Web 站点的网址，单击

"删除"按钮可将其删除。

（12）设置完毕后，单击"确定"按钮即可。

（13）参考（6）～（9）步，对可信或受限站点设置安全级别即可。

同一站点类别中的所有站点均使用同一安全级别。

【内容 15】设置隐私

【知识点链接】

在 Internet 浏览过程中，用户要注意保护自己的隐私，对于自己的个人信息不要轻易让他人获得。通过 IE 浏览器，用户可以进行隐私保密策略的设置。

【操作步骤】

（1）启动 IE 浏览器。

（2）选择"工具"→"Internet 选项"命令，打开"Internet 选项"对话框。

（3）选择"隐私"选项卡，如图 7-16 所示。

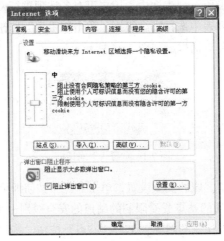

图 7-16 "隐私"选项卡

（4）在该选项卡的"设置"选项组中，用户可以拖动滑块来设置隐私的保密程度。单击"导入"按钮，可导入 IE 的隐私首选项；单击"高级"按钮，可打开"高级隐私策略设置"对话框，如图 7-17 所示。

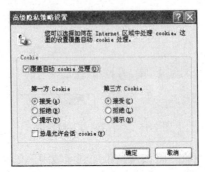

图 7-17 "高级隐私策略设置"对话框

（5）在该对话框中，用户可以对隐私信息进行高级设置。设置完毕后，单击"确定"按钮即可。

（6）单击"默认"按钮，可使用默认的隐私策略设置。

（7）在"Web 站点"选项组中单击"编辑"按钮，可打开"每站点的隐私操作"对话框，如图 7-18 所示。

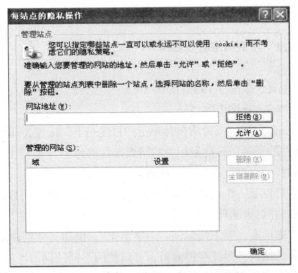

图 7-18 "每站点的隐私操作"对话框

（8）在该对话框中，用户可以在"网站地址"文本框中输入要拒绝或允许使用 Cookie，单击"拒绝"或"允许"按钮，即可将其添加到"管理的站点"列表框中。选择"管理的站点"列表框中的某个站点地址，单击"删除"按钮，即可将其删除，若要全部删除，可单击"全部删除"按钮。

（9）设置完毕后，单击"确定"按钮即可。

实验 2 搜索引擎的使用

一、实验目的

1. 掌握搜索引擎的使用。
2. 了解常用的网络下载方式，并能熟练使用一种下载软件。

二、实验准备

1. 了解搜索引擎

搜索引擎（Search Engine）是 Internet 上具有查询功能的网页的统称，是开启网络知识殿堂的钥匙，获取知识信息的工具。随着网络技术的飞速发展和搜索技术的日臻完善，中外搜索引擎已广为人们所熟知和使用。任何搜索引擎的设计均有其特定的数据库索引范围、独特的功能和使用方法，以及预期的用户群指向。它是一些网络服务商为网络用户提供的检索站点，它收集了网上的各种资源，然后根据一种固定的规律进行分类，提供给用户进行检索。互联网上信息量十分巨大，恰当地使用搜索引擎可以帮助我们快速找到自己需要的信息。

2．常用的中文搜索引擎

常用中文搜索引擎包括 Google 搜索引擎（http://www.google.cn）、百度中文搜索引擎（http://www.baidu.com）、网易搜索引擎（http://www.163.com）等。

三、实验内容及步骤

【内容1】使用"百度"搜索引擎查找资料

【操作步骤】

（1）打开"百度"主页，如图 7-19 所示。

（2）在搜索文本框中输入查询内容。

（3）按一下回车（Enter）键，或者用鼠标单击"百度一下"按钮，即可得到相关资料。百度会提供符合全部查询条件的资料，并把最相关的网页排在前列。

在输入搜索关键词时，"百度"有如下一些特点。

① 输入的查询内容可以是一个词语、多个词语或一句话。例如，可以输入"李白"、"歌曲下载"、"蓦然回首，那人却在灯火阑珊处。"等。

② 百度搜索引擎严谨认真，要求搜索词"一字不差"。例如，分别使用搜索关键词"核心"和"何欣"，会得到不同的结果。因此在搜索时，可以使用不同的词语。

③ 如果需要输入多个词语搜索，则在输入的多个词语之间用一个空格隔开，可以获得更精确的搜索结果。

④ 使用"百度"搜索时，不需要使用符号"AND"或"+"，百度会在多个以空格隔开的词语之间自动添加"+"。

图 7-19　百度搜索引擎主页

⑤ 使用"百度"搜索时可以使用减号"–"，但减号之前必须输入一个空格。这样可以排除含有某些词语的资料，有利于缩小查询范围，有目的地删除某些无关网页。

例如，要搜寻关于"武侠小说"但不含"古龙"的资料，可使用如下查询："武侠小说 –古龙"。

⑥ 并行搜索：使用"A|B"来搜索"或者包含词语 A，或者包含词语 B"的网页。

例如，要查询"图片"或"写真"的相关资料，无需分两次查询，只要输入"图片|写真"搜索即可。百度会提供与"|"前后任何字词相关的资料，并把最相关的网页排在前列。

⑦ 相关检索：如果无法确定输入什么词语才能找到满意的资料，可以使用百度相关检索。即先输入一个简单词语搜索，然后，百度搜索引擎会提供"其他用户搜索过的相关搜索词语"作参考。这时单击其中任何一个相关搜索词，都能得到与那个搜索词相关的搜索结果。

⑧ 百度快照：百度搜索引擎已先预览各网站，拍下网页的快照，为用户储存大量的应急网页。单击每条搜索结果后的"百度快照"，可查看该网页的快照内容。

百度快照不仅下载速度极快，而且搜索用的词语均已用不同颜色在网页中标明。

【内容 2】使用 P2SP 下载工具——"迅雷"的方法

【操作步骤】

（1）到迅雷官方网站上下载迅雷目前的最新版本——迅雷 7，然后按照系统提示进行安装。就安装过程来说，迅雷 7 和其他应用软件的安装类似，只要按照安装向导进行操作即可。另外需要注意的是，在安装过程中迅雷 7 还捆绑了百度工具栏，但用户可以自行设置是否安装它。安装步骤如图 7-20 ~ 图 7-23 所示。

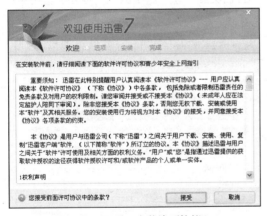

图 7-20　迅雷 7 安装许可协议

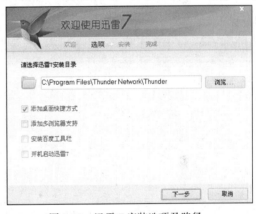

图 7-21　迅雷 7 安装选项及路径

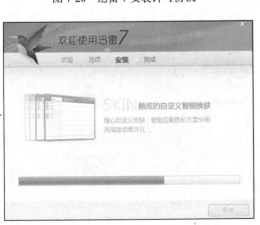

图 7-22　迅雷 7 安装进度

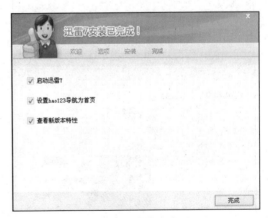

图 7-23　迅雷 7 安装完成画面

（2）安装完成后，用户可以通过单击桌面上的图标或选择"开始"→"所有程序"→"迅雷"→"启动迅雷 7"菜单项来启动迅雷 7，其工作界面如图 7-24 所示。

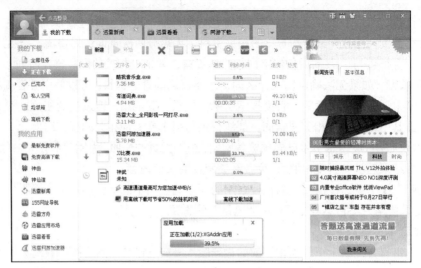

图 7-24　迅雷 7 主界面

（3）用户首次使用迅雷时，迅雷 7 会弹出设置向导，以便引导用户对迅雷 7 进行常规设置。其中包括"存储目录"、"热门皮肤"、"精品应用"、"特色功能"和"网络测试"等几项，用户可按照图 7-25 ~ 图 7-29 完成设置。

图 7-25　迅雷 7 存储目录设置

图 7-26　迅雷 7 热门皮肤设置

图 7-27　迅雷 7 精品应用设置

图 7-28　迅雷 7 特色功能设置

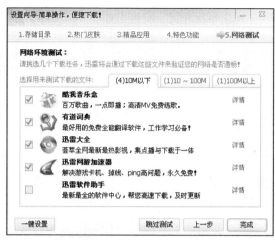

图 7-29　迅雷 7 网络测试设置

【内容 3】使用迅雷下载 MP3 歌曲

【操作步骤】

（1）首先在迅雷的资源搜索窗口中输入想要查找的 MP3 歌曲的名字，如歌曲"千里之外"。查找结果如图 7-30 所示。

图 7-30　利用迅雷搜索待下载资源

（2）单击 按钮进行查找，查找结果如图 7-31 所示。

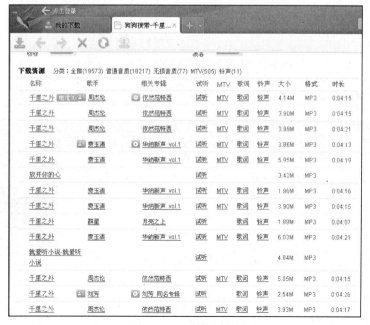

图 7-31　迅雷搜索结果

（3）在所需要的资源上单击鼠标左键，将弹出如图 7-32 所示的窗口。

图 7-32　相应资源的下载链接窗口

（4）单击"普通下载"按钮，将弹出"建立新的下载任务"对话框。在该对话框中单击"浏览"按钮，可以重新设置文件下载后保存的路径，用户还可以在"另存名称"文本框中重新设置文件的名称。"建立新的下载任务"对话框如图 7-33 所示。

图 7-33　迅雷"建立新的下载任务"对话框

（5）设置结束后，单击"立即下载"按钮就可以开始下载，如图 7-34 所示。

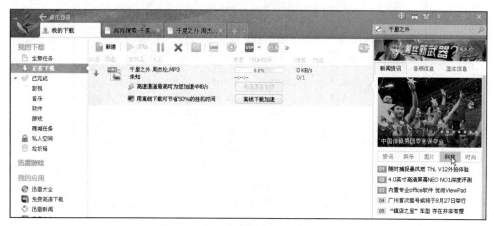

图 7-34　迅雷任务下载信息显示窗口

【内容 4】使用迅雷下载 RealPlayer 软件

【操作步骤】

- 使用迅雷下载单个文件的操作步骤如下。

（1）利用搜索引擎找到 RealPlayer 的下载区，在某一下载链接上单击鼠标右键，在弹出的快捷菜单中选择"使用迅雷下载"菜单项，如图 7-35 所示。

图 7-35　在快捷菜单中选择"使用迅雷下载"菜单项

（2）启动迅雷并弹出"建立新的下载任务"对话框，在该对话框中设置好文件下载的保存位置，然后单击"确定"按钮，即可开始下载。

- 使用迅雷下载多个文件的操作步骤如下。

（1）在下载文件的超链接上单击鼠标右键，在弹出的快捷菜单中选择"使用迅雷下载全部链接"菜单项，弹出"选择要下载的 URL"对话框，如图 7-36 所示。

图 7-36　"选择要下载的 URL"对话框

（2）在该对话框中单击"筛选"按钮，弹出"扩展选择"对话框，如图 7-37 所示。

（3）在该对话框中的"站点"选项组中选中需要下载文件的站点，在"扩展名"选项组中选中要下载文件的扩展名复选框，然后单击"确定"按钮，弹出"建立新的下载任务"对话框，设置好下载文件的存储目录和名称后，单击"确定"按钮即可下载。

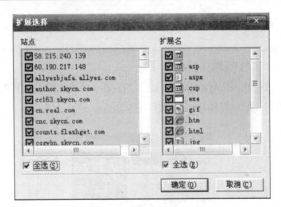

图 7-37 "扩展选择"对话框

实验 3 组建小型对等网

一、实验目的

1. 了解局域网的组建过程。
2. 掌握 IP 协议的配置方法。
3. 掌握网络是否连通的测试方法。

二、实验准备

1. 什么是"对等网"

"对等网"也称"工作组网",在对等网络中,各个计算机的地位是平等的,不需要专门的服务器,无集中管理,其资源和账户的管理是基于本机的分散管理方式。在对等网络中,计算机的桌面操作系统一般使用 Windows 98/2000/XP,利用 Win2000 可以组建起具有一定安全和管理功能的对等网络。对等网络设置简单、管理容易、使用方便,适用于没有特殊安全要求的小型资源共享网络。在对等网络中,计算机的数量通常不超过 20 台,网上任意节点计算机既可以作为网络服务器,为其他计算机提供资源;也可以作为客户机,以分享其他服务器的资源;任何一台计算机均可同时兼作服务器和客户机,也可只作其中之一。

对等网络通常采用的两种结构如图 7-38 所示。

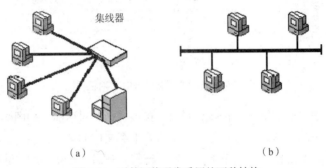

（a）   （b）

图 7-38 对等网络通常采用的两种结构

2. 实验环境、设备

PC、万用表、双绞线、水晶头、打线工具、模块、压线钳、RJ-45 接口的网卡、线缆测试仪、细同轴电缆、光缆、手电筒、交换机、HUB、线缆测试仪。

三、实验内容及步骤

【内容 1】网线的制作

【操作步骤】

（1）网线（双绞线）的连接方式。

网线通常使用双绞线，其结构如图 7-39 所示。

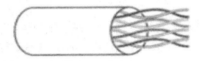

图 7-39 双绞线的结构

双绞线与 PC 网卡通过 RJ-45 水晶头连接，如图 7-40 所示。

图 7-40 RJ-45 水晶头

双绞线与 RJ-45 水晶头的连接方式：EIA/TIA 的布线标准中规定了两种双绞线的线序 568A 与 568B，如图 7-41 所示。

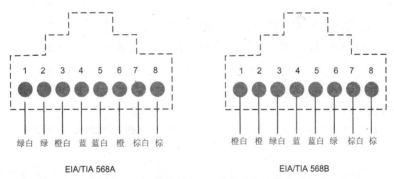

图 7-41 双绞线与 RJ-45 水晶头的连接方式

（2）直通线缆的制作。

对直通线来说，双绞线两头的线序一样，都采用 568a 或都采用 568b。直通线缆适用于 PC-HUB、HUB-HUB 普通口-级连口、HUB（级联口）-SWITCH、SWITCH-ROUTER。直通线两端都做成 568b 或两端都做成 568a，双绞线的顺序与接口引脚序号一致即可。根据 10Base T 和 100Base TX 传输规范，双绞线的 4 对（8 根）线中，1 和 2 必须是一对，用于发送数据；3 和 6 必须是一对，用于接收数据。其余的线在连接当中虽也被插入 RJ-45 接口，但实际上并没有使用。

例如，PC 与集线器相连采用直通线，如图 7-42 所示。

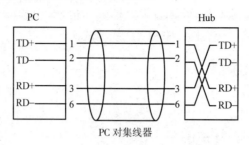

图 7-42　PC 与集线器相连采用直通线

（3）交叉线缆的制作。

对交叉线来说，双绞线两头的线序不一样，一端采用 568a，另一端采用 568b。

交叉线缆适用于 PC-PC、HUB-HUB 普通口、HUB-HUB 级连口-级连口、HUB-SWITCH、SWITCH-SWITCH、ROUTER-ROUTER。例如，集线器与集线器同类口相连需要采用交叉线，如图 7-43 所示。

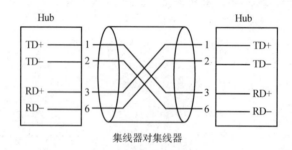

图 7-43　集线器与集线器同类口相连

【内容 2】网线的测试方法

【操作步骤】

网线做好后，要用 RJ-45 测线仪测试，出现以下情况表示网线制作成功。对于直通线：1-1、2-2、3-3、…、8-8 绿灯应依次闪烁；对于交叉线：1-3、2-6、3-1、4-4、5-5、6-2、7-7、8-8 绿灯依次闪烁。

【内容 3】网卡的选择与安装

【知识点链接】

网卡是将计算机接入局域网的必备设备，主要负责网络数据的收发，是主机与网络之间通信必经的关口。

网卡的功能可分为两个方面：一是整理计算机上的数据，再将数据分解成适当大小的数据帧后送往网络；二是接收网络中发送过来的数据帧，经整合处理后还原为发送前的数据，然后再交计算机进行处理。

（1）网卡的类型。

按总线接口类型分：①ISA 接口网卡；②PCI 接口网卡；③在服务器上使用的 PCI-X 总线接口类型的网卡；④PCMCIA 接口网卡（笔记本电脑所使用的网卡）。

按网络接口划分：①RJ-45 接口网卡；②BNC 接口网卡；③AUI 接口网卡；④FDDI 接口网卡；⑤ATM 接口网卡。

按带宽划分：①10Mbit/s 网卡、②100Mbit/s 网卡、③10Mbit/s/100Mbit/s 网卡、④1000Mbit/s 以太网卡。

（2）网卡的选择。

首先，要确定网卡的用途。如果是用在服务器中，就要购买服务器专用网卡。如果用在普通的工作站上，采用一般的 PC 网卡就可以了。

其次，因为兼容性问题，建议最好购买采用主流技术的网卡。例如，在带宽方面，市场上的 10Mbit/s 网卡已被淘汰，而采用"自动协商"管理机制的 10/100Mbit/s 自适应网卡在市场上已成为绝对的主流产品。如果组建的网络还有其他特殊要求的话，就要根据局域网实现的功能和要求来选择网卡。例如，组建的局域网如果要实现远程控制功能，就应该选择带有远程唤醒功能的网卡。

（3）网卡的安装。

网卡硬件的安装步骤如下。

① 关闭计算机，切断电源（即拨下计算机与交流电源相连的插头）。

② 打开计算机的机箱。

③ 在主板上找到一个适合你所购买网卡的总线插槽。

④ 用螺丝刀把该插槽后的挡板去掉，注意：螺丝刀在作用前最好在其他金属上试几下，以防止静电对计算机中的电子芯片造成不必要的损坏。

⑤ 将网卡插入该总线插槽。一定要特别注意：要将网卡的引脚全部压入到插槽中，否则会使计算机造成因自检通不过而死机。

⑥ 用螺丝刀将网卡固定好，把机箱重新盖好，再把网线插入网卡的 RJ-45 接口中，接上交流电源。

（4）网卡驱动程序的安装。

打开机箱电源，系统启动操作系统，屏幕上会出现类似如下的提示："发现了新的硬件"，这是因为操作系统的即插即用功能起作用了。根据提示安装网卡的驱动程序（一般情况下 Windows XP 自带安装程序）即可。

【内容 4】集线器的选择与连接

【知识点链接】

集线器是一种最为基础的网络集线设备，它主要工作于 OSI 的数据链路层，是一种完全即插即用的纯硬件式设备。集线器（HUB）应用很广泛，它不仅使用于局域网、企业网、校园网，还可以使用于广域网。大多数小型局域网使用带有 RJ-45 接头的双绞线组成的星型局域网，这种网络经常要使用到集线器。集线器的功能就是将局域网内各自独立的计算机连接在一起并能互相通信，如图 7-44 所示。

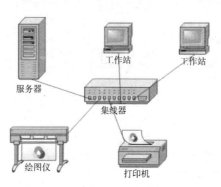

图 7-44　局域网内各自独立的计算机连接

【操作步骤】

（1）集线器的选购。

集线器的品牌和种类很多，在选购时需要抓住 3 个要点，即带宽、端口数与扩展能力。

（2）集线器的连接。

① 集线器的端口类别。

集线器通常都提供 3 种类型的端口，即 RJ-45 端口、BNC 端口和 AUI 端口（见图 7-45～图 7-47），以适用于连接不同类型电缆构建的网络。一些高档集线器还提供有光纤端口和其他类型的端口。

图 7-45　RJ-45 端口

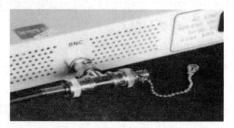

图 7-46　BNC 端口

图 7-47　AUI 端口

② 集线器的堆叠。

堆叠方式是指将若干集线器的电缆通过厂家提供的一条专用连接电缆利用堆栈端口连接起来，以实现单台集线器端口数的扩充。集线器堆叠技术采用了专门的管理模块和堆栈连接电缆，能够在集线器之间建立一条较宽的宽带链路，如图 7-48 所示。

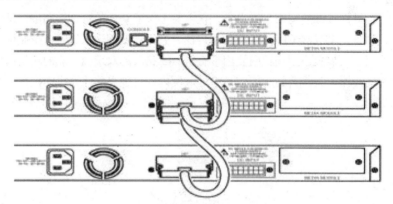

图 7-48　集线器的堆叠

③集线器的级联。

级联是另一种集线器端口扩展方式，它是指使用集线器普通的或特定的 UPlink 端口来进行集线器间的连接，如图 7-49 和图 7-50 所示。

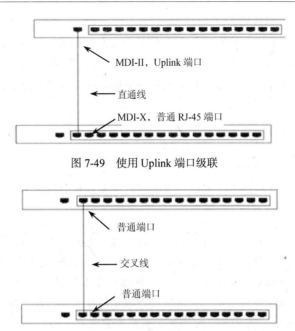

图 7-49　使用 Uplink 端口级联

MDI-II，Uplink 端口

直通线

MDI-X，普通 RJ-45 端口

普通端口

交叉线

普通端口

图 7-50　使用普通端口级联

提示

　　两台集线器（或交换机）通过双绞线级联，双绞线接头中线对的分布与连接网卡和集线器时有所不同，必须要用交叉线。这种情况适用于那些没有标明专用级联端口的集线器之间的连接，而许多集线器为了方便用户，提供了一个专门用来串接到另一台集线器的端口，在对此类集线器进行级联时，双绞线均应为直通线接法。

　　用户如何判断自己的集线器（或交换机）是否需要交叉线连接呢？主要方法有以下几种。

　　（1）查看说明书：如果该集线器在级联时需要交叉线连接，一般会在设备说明书中进行说明。

　　（2）查看连接端口：如果该集线器在级联时不需要交叉线，大多数情况下都会提供一至两个专用的互连端口，并有相应标注，如"Uplink"、"MDI"、"Out to Hub"，表示使用直通线连接。

　　【内容 5】双机互连

　　【操作步骤】

　　如果要将家庭中的两台计算机连接起来以实现资源共享，可以采用多种方案。

　　（1）利用计算机串并口连接（RS-232 通信线缆）。

　　此种方式的连接是最廉价的，俗称"零调制解调器"。只需要一根连接两台计算机的电缆。由于计算机串口和并口的通信速度不同，因此电缆两端的接口类型必须统一，只能串口对串口，并口对并口，而不能将串口和并口混连。并口连接速度较快，但两机距离不能超过 5m；串口连接速度较慢，但电缆制作简单，两机距离可达 10m。

　　（2）利用网卡将两机互连（RJ-45 交叉线缆）。

　　这一方案要求每台机器配置一块速度兼容的网卡和一条网线，双绞线价格低廉、性能良好、连接可靠、维护简单，是家庭局域网网络布线时最好的选择。当家庭计算机超过两台时通常采用此方案，但是那时一般需要购置一台 HUB，对于只有两台计算机的情况，购置一台 HUB 就显得不合算了，所以我们就可以利用双绞线进行两机直接相连。两块网卡、两个 RJ-45 头、一段网线，以 100Mbit/s 网卡计，总投资也不过一百元左右，而连接速率最高可达 100Mbit/s。

（3）利用电话线将两机互连。

当希望和远方的朋友之间进行双机互连时，怎么办呢？可以利用电话线将两机互连，该方案要求互连的两台计算机各自都应该安装一只 Modem，各自有一个电话号码（内部的也行）；同时还要求两机中充当主机（服务器端）的应该安装 Windows 2000 Server，从机（客户端）的可以是 Windows 2000/98。

【内容6】三机互联

【操作步骤】

（1）利用双网卡将三机互联。

此方案采用了利用 4 块网卡（其中一台机装双网卡，其他两台为单网卡）将 3 台计算机连接起来的办法。

> 双网卡容易争用相同的 IRQ 和 I/O 资源，也就是会导致硬件冲突而使系统无法正常工作，这就需要解决硬件冲突问题。解决硬件冲突的方法是：在屏幕左上角的"我的电脑"上单击鼠标右键，选择"属性"中的"设备管理器"，如果两块网卡有硬件冲突，就会在"网络适配器"的位置出现一个醒目的惊叹号。双击带有惊叹号的网卡，切换到"资源"选项卡，这里可以看到究竟是哪些参数产生的硬件冲突，以及是跟哪些设备发生的冲突。

现在，先将"使用自动设置"复选框里的小勾消去，然后再双击有红色标志的参数，并对它的数值进行强制指定，直到"冲突设备列表"窗口中出现"没有冲突"的提示为止。

重新启动计算机后，检查"系统属性/设备管理器/网络适配器"中的两块网卡都已显示"此设备工作正常"，表明硬件冲突已经解决了。

硬件连接完毕，还需安装与配置网络协议。

（2）利用集线器或交换机将三机互连。

此方案需要 3 根直通线缆和一台集线器或交换机，利用集线器组建的是共享式局域网，利用交换机组建的是交换式局域网。

【内容7】安装 TCP/IP

【操作步骤】

（1）双击"控制面板"中的"网络连接"，将弹出"网络连接"对话框，如图 7-51 所示。

图 7-51 "网络连接"对话框

（2）用鼠标右键单击"本地连接"图标，选择"属性"，将弹出如图 7-52 所示的对话框，在其中查看是否已经安装了 TCP/IP。

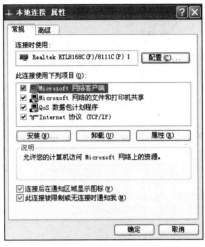

图 7-52　"本地连接属性"对话框

（3）如果没有安装此协议，单击"安装"按钮，弹出如图 7-53 所示的对话框，在该对话框中选择"协议"选项，单击"添加"按钮，弹出如图 7-54 所示的对话框，在该对话框的列表框中选择"TCP/IP 协议"。最后单击"确定"按钮，系统开始安装 TCP/IP 协议，安装完毕后，需要重新启动系统才能生效。

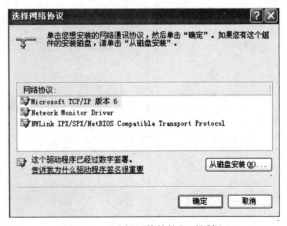

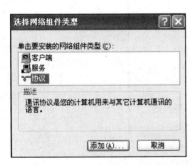

图 7-53　"选择网络组件类型"对话框　　　　　图 7-54　"选择网络协议"对话框

【内容 8】设置 TCP/IP 协议属性和网络标识

【操作步骤】

（1）在【内容 7】的"本地连接属性"对话框中找到"TCP/IP"这一项，双击"TCP/IP"，弹出如图 7-55 所示的对话框。

（2）设置 IP 地址。

选择"指定 IP 地址"，然后在"IP 地址"的 4 个框中分别输入 4 个数字，比如"192.168.1.200"。在"子网掩码"的 4 个框中分别输入"255"、"255"、"255"和"0"。如果是联入已存在的局域网中，则需要询问管理员这些数据填什么。

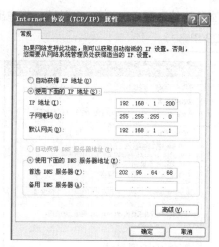

图 7-55 "Internet 协议（TCP/IP）属性"对话框

（3）设置网关及 DNS 服务器。

网关及 DNS 服务器的具体设置需根据实际情况而定，本实验可以参照图 7-55 设置。

（4）文件与打印机共享。

设置这一选项的目的是为了在网络邻居中看到自己和别人。当然也是在局域网里共享文件和打印机所必需的选项。添加方法很简单，只要单击图 7-54 的"从磁盘安装"按钮，在弹出的对话框中选择"服务"选项，再单击"添加"按钮，就会弹出对话框，如图 7-56 所示，选择"Microsoft 网络的文件和打印机共享"选项，单击"确定"按钮即可。

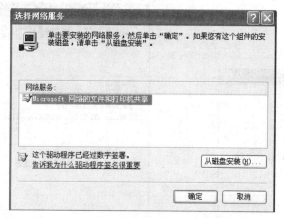

图 7-56 "连接网络服务"对话框

然后还要在网络标识标签中设定自己的计算机名和工作组名称。一般用自己的用户名和单位名称的缩写即可。

【内容 9】网络连接和测试

【操作步骤】

现在大部分的工作都做完了，剩下要做的事情只是测试网络是否已经设置成功。可以从以下3 个方面来进行。

（1）测试网卡的设置是否正确。

在 Windows 系统中单击"开始"按钮，在弹出的菜单中选择"所有程序"中的"命令提示符"，进入 DOS 控制台。例如输入：ping 192.168.1.200。

ping 是一个网络命令，在它后面的数字是本机的 IP 地址。如果屏幕上出现下列信息，那就表明网卡设置没有错误。

Pinging 192.168.1.200 with 32 bytes of data:

Reply from 192.168.1.200: bytes=32 time<1ms TTL=128
Reply from 192.168.1.200: bytes=32 time<1ms TTL=128
Reply from 192.168.1.200: bytes=32 time<1ms TTL=128
Reply from 192.168.1.200: bytes=32 time<1ms TTL=128

Ping statistics for 192.168.1.200:
    Packets: Sent = 4, Received = 4, Lost = 0 (0% loss),
Approximate round trip times in milli-seconds:
    Minimum = 0ms, Maximum = 0ms, Average = 0ms

如果出现其他信息，就表明网卡的设置有问题，需要重新检查所有的参数。

（2）检查网络是否通畅。

如果网卡设置没有错误，就应该测试网络是否通畅。在 DOS 提示符下输入：

ping 192.168.1.201（Ping 后面的数字是本机以外的网络上的另一台计算机的 IP 地址）。

如果屏幕上出现下列信息，表明网络已经通畅。

Pinging 192.168.1.201 with 32 bytes of data:

Reply from 192.168.1.201: bytes=32 time<1ms TTL=128
Reply from 192.168.1.201: bytes=32 time<1ms TTL=128
Reply from 192.168.1.201: bytes=32 time<1ms TTL=128
Reply from 192.168.1.201: bytes=32 time<1ms TTL=128

Ping statistics for 192.168.1.201:
    Packets: Sent = 4, Received = 4, Lost = 0 (0% loss),
Approximate round trip times in milli-seconds:
    Minimum = 0ms, Maximum = 0ms, Average = 0ms

如果出现其他信息，表明网络不通，需要分别检查网线、网关和网络设置。

【内容 10】组建小型局域网

【操作步骤】

对于组建该网络来说，为了使所有用户能够实现资源共享，使网络具有较高性能，并便于以后的升级需要，可以采用 100 Base TX 星型网络结构连接，如图 7-57 所示。

100 Base TX 星型网络结构使用超 5 类双绞线作为传输介质，并使用 100Mbit/s 或 10/100Mbit/s 集线器或交换机作为通信设备，利用集线器组建的是共享式局域网，利用交换机组建的是交换式局域网。

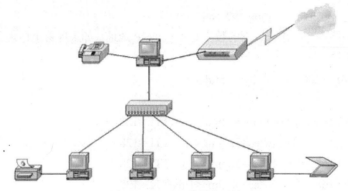

图 7-57　星型网络结构连接

【内容 11】局域网中共享打印机

【操作步骤】

（1）首先要确认局域网内有共享的打印机，然后可参考下面的办法设置添加。选择"开始"→"打印机和传真"命令，单击"添加打印机"，按照图 7-58 ~ 图 7-64 所示进行设置。

图 7-58　添加打印机向导 1

图 7-59　添加打印机向导 2

（2）单击选择图 7-60 所示的网络打印机或连接到其他计算机上的打印机，默认选择在目录中查找一个打印机，然后单击"下一步"按钮。

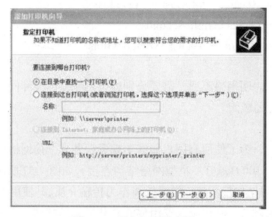

图 7-60　添加打印机向导 3

（3）在搜索到的打印机中选择指定共享的打印机，如图 7-61 所示，单击"下一步"按钮。

图 7-61　添加打印机向导 4

（4）出现如图 7-62 所示的提示，单击"是"按钮，继续。

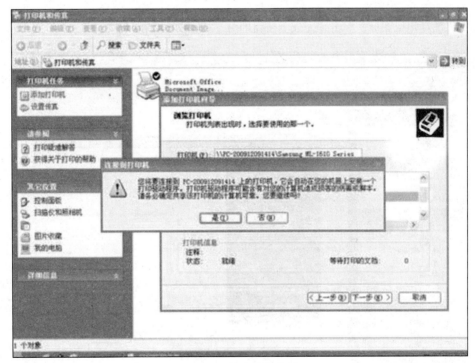

图 7-62　添加打印机向导 5

（5）将该打印机设置为默认打印机，如图 7-63 所示。

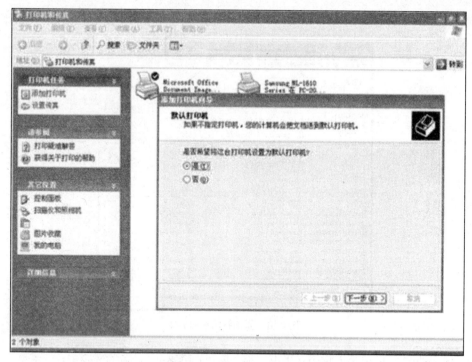

图 7-63　添加打印机向导 6

（6）出现打印机图标，单击"完成"按钮即可，如图 7-64 所示。

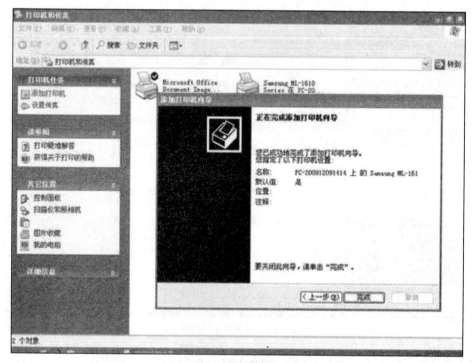

图 7-64　添加打印机向导 7

实验 4　Outlook Express 配置及使用

一、实验目的

1. 了解如何申请免费电子邮箱。
2. 掌握 Outlook Express 的设置，并使用其收发电子邮件。

二、实验准备

1. 使用 Outlook Express 收发邮件的优点

用 Outlook Express 收发邮件可以直接把邮件下载到本机上阅读，免去了许多烦琐的登录程序就能读到邮件，并且使用它还同时可以收发其他的邮件，可以分类管理自己的邮件。除此之外，它有许多设置，如定时发送、增加签名等，如果自己有计算机，这将非常方便。

2. 电子邮箱地址的格式

每个在互联网服务机构拥有上网账号的用户都有一个属于自己的电子邮箱和地址。例如，一个"新浪"的用户注册的用户名是"abcd"，电子邮箱地址就是 abcd@sina.com，其中"sina.com"是提供电子邮箱的计算机的名字，"@"是分隔符，可见，电子邮箱的地址格式为：用户名@提供邮箱的计算机名。

三、实验内容及步骤

【知识点链接】

用于接收和发送电子邮件的软件有多种，目前常用的是 Microsoft 公司的"Outlook Express"软件。Outlook Express（简称 OE）是 Windows 操作系统所带的 POP3 电子邮件收发软件，使用 Outlook Express 必须先设置电子邮件账户。

下面以电子邮件信箱 test@hebeu.edu.cn 为例，来说明如何设置和使用 Outlook Express。

【内容 1】启动 Outlook Express

【操作步骤】

下列操作方法都可以启动 Outlook Express 程序。

- 双击桌面上的"Outlook Express"图标 。
- 单击"开始"按钮，选择"程序"→"Outlook Express"命令。
- 单击快速启动工具栏上的"Outlook Express"图标 。
- 在 Internet Explorer 浏览窗口中单击"邮件"按钮。
- 在 Internet Explorer 浏览窗口中选择"转到"菜单的"邮件"命令。

【内容 2】设置 Outlook Express

【操作步骤】

在初次使用 Outlook Express 之前，需要先设置好收发邮件的相关信息，操作步骤如下。

（1）双击桌面上的"Outlook Express"图标，出现"Internet 连接向导"之一对话框，如图 7-65 所示。如果不出现该对话框，可用鼠标单击"工具"菜单的"账户"，在出现的"Internet 账户"对话框中单击"添加"按钮中的"邮件"命令，同样出现"Internet 连接向导"对话框。在"显示名"文本框中输入自己的"姓名"。这一"姓名"是显示给收信人看的，可以填写真实的姓名，也可以另取一个自己喜欢的名字，填好后，单击"下一步"按钮，如图7-65所示。

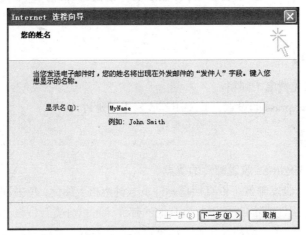

图7-65　"Internet连接向导"之一对话框

（2）在"Internet连接向导"之二对话框中填写"电子邮件地址"，例如在网上申请的免费E-mail地址（比如163、126等）（申请免费E-mail时，要看一下是否提供POP3和SMTP服务，如果提供，要记下这两个服务器的地址，在下面的设置中将会用到。）这个地址是别人回信用的，完成后单击"下一步"按钮，如图7-66所示。

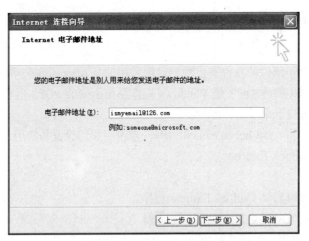

图7-66　"Internet连接向导"之二对话框

（3）在"Internet连接向导"之三对话框中填写"电子邮件服务器名"。第一个栏目是"接收邮件（POP3）服务器"，这里的名称一定要与上一步填写的"电子邮件地址"的相应部分匹配。如果是用免费的E-mail，就输入该账号的相应服务器地址。第二个栏目填写发送邮件服务器名。填写范例如图7-67所示，完成后单击"下一步"按钮。

（4）在"Internet连接向导"之四对话框中，"账户名"、"密码"是使用POP3服务器收取邮件必须提供的，这两项要对照申请免费邮件时的用户名和密码来填写，如图7-68所示。

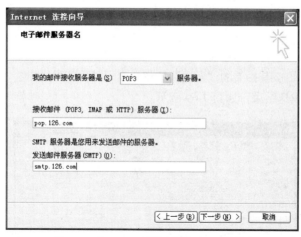

图 7-67 "Internet 连接向导"之三对话框

图 7-68 "Internet 连接向导"之四对话框

单击"下一步"按钮，Outlook Express 祝贺我们完成了设置，只需单击"完成"按钮，就可以开始使用 Outlook Express 了。

现在大部分发送邮件的服务器都需要验证，因此需要作相应的设置。用鼠标单击"工具"菜单的"账户"，在出现的"Internet 账户"对话框中单击"邮件"选项卡，选择刚建立的账户，单击右侧"属性"按钮，出现"属性"对话框，在"服务器"选项卡的下部勾选"我的服务器要求身份验证"，然后单击"确定"按钮返回。

【内容 3】使用 Outlook Express 发送邮件
【操作步骤】
（1）单击工具栏中的"创建邮件"按钮，打开"新邮件"窗口。
（2）填写"收件人"的电子邮件地址，比如，填上朋友的地址：hello@163.com。

在第一次发送邮件时，最好也给自己发一份，如在"抄送"文本框中填上自己的地址"ismyemail@126.net"。这样可以检查自己的邮箱是否可以正确地收信。

（3）填写邮件的"主题"，以便让收信人能快速地了解这封信的大意，因此最好填上，比如输入"你好"。

（4）在下面的空白处填写信的正文。

（5）写好信后，单击工具栏上的"发送"按钮，电子邮件就发送出去了。消息框中蓝色的进度条满 100%后，表示发送结束，如图 7-69 所示。

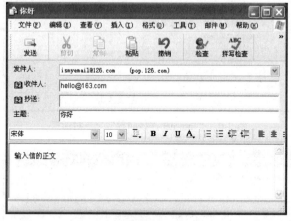

图 7-69 "新邮件"窗口

【内容 4】使用 Outlook Express 接收邮件

【操作步骤】

（1）单击工具栏上的"发送和接收"按钮。每次启动 Outlook Express 时，Outlook Express 都会自动接收信件。

（2）若有邮件，则在 Outlook Express 窗口左边的"文件夹"栏的"收件箱"旁边会标出蓝色数字，表明收到几封新邮件。

（3）单击"收件箱"，在 Outlook Express 窗口右边就可以看到信箱里的信了，刚收到的信的标题都以粗体显示，标示出这封信还没有阅读。用鼠标单击一封信，在下面的信件"预览区域"中就可以看到这封信的内容了。

四、实验练习及要求

1．申请一个免费的电子信箱。

2．使用 Outlook Express 将上机实验作业发送给任课教师。

3．使用迅雷下载一首 MP3 格式的奥运歌曲。

4．利用 IE 浏览器登录"清华大学"主页。

5．为自己寝室组建一个局域网并测试其连通与否。

五、实验思考

1．每次访问 Internet 时，如何避免重复输入密码？

2．为什么要把 E-mail 附件保存到磁盘中？

3．什么类型的文件可以作为 E-mail 附件？

附录 A
三种方法查看硬件配置

维护、维修电脑或购买新电脑需要查看硬件配置时，通常需要使用专门的硬件检测软件。如果手头上没有合适的检测软件该怎么办呢？其实，利用电脑开机自检信息和 Windows 系统自身的功能，同样可以查看电脑硬件的配置情况。

一、开机自检中查看硬件配置

机器组装结束后，即使不装操作系统也可以进行加电测试，在开机自检的画面中就隐藏着硬件配置的简单介绍（由于开机画面一闪而过，要想看清楚的话，应及时伸手按住"PAUSE"键）。

1. 显卡信息

开机自检时，首先检查的硬件就是显卡，因此启动机器以后，在屏幕左上角出现的几行文字就是显卡的简单介绍。4 行文字中，第 1 行"GeForce4 MX440……"标明了显卡的显示核心为 GeForce4 MX440，支持 AGP 8X 技术；第 2 行"Version……"标明了显卡 BIOS 的版本，我们可以通过更新显卡 BIOS 版本"榨取"显卡性能，当然更新后这一行文字也会随之发生变化；第 3 行"Copyright (C)……"则为厂商的版权信息，标明了显示芯片制造厂商及厂商版权年限；第 4 行"64.0MB RAM"则标明了显卡显存容量。

2. CPU 及硬盘、内存、光驱信息

显示完显卡的基本信息之后，紧接着出现的第二个自检画面则显示了更多的硬件信息，像 CPU 型号、频率、内存容量、硬盘及光驱信息等都会出现在此画面中。该画面最上面两行文字标示了主板 BIOS 版本及 BIOS 制造商的版权信息；紧接着的文字标示出主板芯片组的信息；其下几行文字则标明了 CPU 的频率及内存的容量和速度。下面 4 行"IDE……"则标明了连接在 IDE 主从接口上的设备，包括硬盘型号及光驱型号等。

3. 主板信息

在第二个自检画面的最下方还会出现一行关于主板的信息，前面的日期显示的是当前主板的 BIOS 更新日期，后面的符号则是该主板所采用的代码，根据代码可以了解主板的芯片组型号和生产厂商。

机器启动之后按"Del"键，进入 BIOS 设置页面，在基本信息中同样也可以看到机器的硬件信息，与开机画面显示的没有区别。

二、利用设备管理器查看硬件配置

进入操作系统之后，在安装硬件驱动程序的情况下，还可以利用设备管理器与 DirectX 诊断工具来查看硬件配置。进入桌面后，鼠标右击"我的电脑"图标，在出现的菜单中选择"属性"，

打开"系统属性"窗口，选择"硬件"→"设备管理器"，在"设备管理器"中显示了机器配置的所有硬件设备。从上往下依次排列着光驱、磁盘控制器芯片、CPU、磁盘驱动器、显示器、键盘、声音及视频等信息，最下方则为显卡。想要了解某种硬件的信息，只要单击其前方的"+"，将其下方的内容展开即可。

利用设备管理器除了可以看到常规硬件信息之外，还可以进一步了解主板芯片、声卡及硬盘工作模式等情况。例如想要查看硬盘的工作模式，只要双击相应的 IDE 通道即可弹出属性窗口，在属性窗口中可看到硬盘的设备类型及传送模式。这些都是开机画面所不能提供的。

需要注意的是，在 Windows XP 及之前的操作系统中所提供的设备管理器是无法用来查看CPU 工作频率的，但可在"系统属性"窗口"常规"选项卡下方看到 CPU 当前运行频率和内存总数。

三、利用 DirectX 诊断工具查看硬件配置

DirectX 诊断工具可以对硬件工作情况作出测试、诊断并进行修改，当然也可以利用它来查看机器的硬件配置。运行"系统信息"窗口，找到"工具"→"DirectX 诊断工具"（或者进入安装盘符中 Windows 目录下的 System32 目录中运行 Dxdiag.exe），在窗口中可以方便地查看硬件信息。

1. 查看基本信息

在"DirectX 诊断工具"窗口中单击"系统"选项卡，当前日期、计算机名称、操作系统、系统制造商及 BIOS 版本、CPU 处理器频率以及内存容量一目了然。即使 CPU 被超频使用，DirectX 显示的依然是未超频的原始频率。

2. 查看显卡信息

在"DirectX 诊断工具"窗口中单击"显示"选项卡，可以看到显卡的制造商、显示芯片类型、显存容量、显卡驱动版本、监视器等常规信息。

3. 查看音频信息

单击"声音"选项卡，在出现的窗口中能看到设备的名称、制造商及其驱动程序等极为详细的资料。还可以单击右下角的"测试 DirectSound(T)"，对声卡进行简单的测试。

附录B
使用公式和函数时常见错误信息的含义

常见错误信息的含义

错误信息	含　义
####	单元格中数据长度超出列宽
#DIV/0!	公式中作除法运算时，除数为 0 或者除数为空单元格
#NAME?	无法识别单元格名称
#NUM!	在函数中使用了不可接受的参数项
#REF!	公式中引用的单元格被删除
#VALUE!	公式中引用单元格的数据类型错误

附录 C

常见的网络下载方式

Internet 上提供的资源不仅可以查看，还可以将其下载到电脑中，以供用户日后随时查看和使用。下载网络资源常见的方法有 HTTP 下载、FTP 下载、P2P 下载、P2SP 下载和流媒体下载 5 种。

1. HTTP 下载

HTTP 下载是指通过网站服务器进行资源下载。使用较为普遍的 HTTP 下载工具有"网络蚂蚁（NetAnts）"和"网际快车（FlashGet）"等。

2. FTP 下载

FTP 下载是基于 FTP 协议的下载。网上有很多 FTP 服务器，登录该服务器可以看到像本地电脑硬盘中文件布局一样的界面，然后单击文件即可进行下载。

3. P2P 传输工具下载

P2P 是 peer-to-peer 的缩写，peer 在英语里有"（地位、能力等）同等者"、"同事"和"伙伴"等意义。这样一来，P2P 也就可以理解为"伙伴对伙伴"的意思，或称为对等联网。目前人们认为其在加强网络上人的交流、文件交换、分布计算等方面大有前途。简单地说，P2P 直接将人们联系起来，让人们通过互联网直接交互。P2P 使得网络上的沟通变得容易、更直接共享和交互，真正地消除中间商。通过 P2P，用户可以直接连接到其他用户的计算机上交换文件，而不是像过去那样连接到服务器去浏览与下载。P2P 另一个重要特点是改变互联网现在的以大网站为中心的状态、重返"非中心化"，并把权力交还给用户。

4. P2SP 下载方式

P2SP 下载方式实际上是对 P2P 技术进行进一步延伸，它不但支持 P2P 技术，同时还通过多媒体检索数据库这个桥梁，把原本孤立的服务器资源和 P2P 资源整合到了一起。也就是说，P2SP=P2P+HTTP 的技术，这样下载速度更快，同时下载资源更丰富，下载稳定性更强。最常使用的 P2SP 下载工具是"迅雷"。

5. 流媒体下载

现在的在线影院越来越多，但绝大多数在线影院都是"只能看，不能下"的，即影片只能在线观看，但是不能直接保存到本地磁盘。不能下载（准确地说是不能用普通工具下载）是因为这些网站播放影片时使用的不是普通的 FTP 或者 HTTP 协议，而是 RSTP、MMS 等这样的流媒体协议。当服务器以这种协议向计算机提供文件时，数据只能一小段一小段地传送过来，而且只放在内存中，不能写入磁盘。播放之后就从内存中被清除。正因为这种媒体播放方式如同流水，因此称为"流媒体"。流媒体文件的下载必须使用专门的工具，例如，影音传送带下载工具。

附录 D
实验报告书写要求

一、书面报告要求

1. 报告纸表格中内容填写齐全

（1）**实验时间：** 填写该实验最后一次实验课的时间。

（2）**姓名、班级、学号：** 填全，如"陈哲　12生技1　01（后2位即可）"。

（3）**指导教师：** 本班任课教师姓名。

（4）**批改教师、实验报告、成绩：** 不填。

2. 报告内容表达清晰

（1）**实验目的：** 按实验指导书填写。

（2）**实验内容及步骤：** 写出各内容的题目及完成题目的操作过程，杜绝照抄书上的实验步骤，应该记录自己实际的操作步骤。

参考写法如下：

---

10. 文件及文件夹的操作

（1）在D盘根目录下新建一个文件夹，并以本人学号姓名命名，如"01王力"。

操作步骤如下：

① 打开"我的电脑"，双击"D"盘；

② 选择"文件"菜单→"新建"→"文件夹"命令；

③ 输入"01王力"，按"Enter"键确定。

（3）**实验思考：** 写出题目并回答。

3. 版面要求

（1）实验报告要写满，但报告纸的上、下、左、右要留2厘米的页边距。

（2）字迹工整，内容全面。

（3）独立完成，严禁雷同。

4. 成绩评定

按要求完成实验报告，教师批改后给出成绩"优、良、中、及格、不及格"，不合格的须重写，不交报告的不允许参加期末考试。

二、电子版报告要求

1. 上网搜索资料，创建文档

在"责任"、"感恩"和"诚信"3个关键词中任选其一（或根据任课教师安排），从互联网上搜索与所选关键词相关的3篇资料，然后经过摘录、组织、归纳写成1000字左右的文章（注意文章的条理性和完整性），保存为 Word 文档，文档名为："学院班级_学号_姓名"（例如：信息计算机1_09_吴锋）。

2. 文档排版要求

（1）标题居中，字号三号、黑体、加粗。

（2）正文字号小四、宋体，各个段落首行缩进2个字符，行距设置为"1.5倍行距"。

（3）在文章中至少要插入1个与主题相关的图片，并设置图片为"四周型"环绕效果。

（4）在文章中设置页眉、页脚，页眉内容为"班级、学号、姓名"，页脚内容为"页码、页数"。

（5）根据内容选择其他格式设置：项目符号和编号、首字下沉、分栏、艺术字、表格、文本框、自选图形等。

3. 发送电子邮件

将完成文件（或压缩文件）以附件的形式发送到教师指定的电子邮箱中，邮件主题请注明本人的"班级学号和姓名"，邮件正文可不必填写。

附录 E
实验报告用纸

实验报告

实验名称	Word 操作			实验时间	
姓名	班级	学号	指导教师	实验报告成绩	

一、实验目的

1. 熟练掌握 Word 文档的基本操作。
2. 熟练掌握文档的排版。
3. 掌握表格的操作。
4. 掌握图片的操作。

二、实验内容及结果

总结

教师评语：

实验报告

实验名称	Excel 操作			实验时间	
姓名	班级	学号	指导教师	实验报告成绩	

一、实验目的

1. 熟练掌握工作表的创建和格式化。
2. 熟练掌握快速录入数据的方法。
3. 熟练掌握使用公式和常用函数进行数据的统计计算方法。
4. 熟练掌握排序、筛选和分类汇总等数据管理方法。
5. 掌握数据图表的应用、工作表的版面设置和打印方法。

二、实验内容及结果

总结

教师评语：